时尚迷你花园

Shishang Mini Huayuan

陈菲 编著　　徐晔春 摄影

农村读物出版社

CONTENTS

目 录

CONTENTS

恋上小花草的N个理由

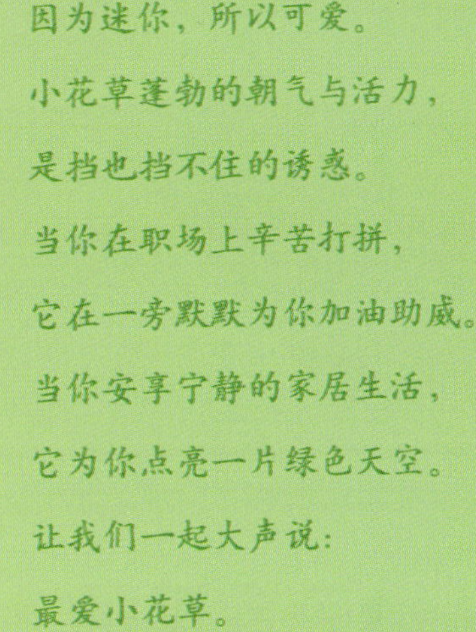

因为迷你，所以可爱。

小花草蓬勃的朝气与活力，

是挡也挡不住的诱惑。

当你在职场上辛苦打拼，

它在一旁默默为你加油助威。

当你安享宁静的家居生活，

它为你点亮一片绿色天空。

让我们一起大声说：

最爱小花草。

办公室里的活力加油站

毋庸置疑，近几年来迷你型的小花草是越来越走俏了，无论在花卉市场，还是大型超市的园艺区，我们都常常见到它们玲珑小巧的可爱身影。热爱迷你小绿植的花友以年轻人居多，有不少年轻时尚的白领一族不仅在家里种，还把这些植株矮小、盆器精美的小花草带到了他们的办公室里边。

千万别以为现代化的写字楼、办公区就应该成天一副紧张快节奏、严肃而又刻板的模样，只需在桌面上摆上几盆可爱的小花草，你的职场天地立刻会有大变化。有生命的小绿植那青翠的叶片，缤纷的花朵点缀和美化着你的工作环境，自然风、田园风扑面而来，原本呆板的空间在顷刻之间变得灵动起来。常春藤、吊兰、绿萝……它们的身姿飘逸潇洒，散尾葵、豆瓣绿、凤尾蕨……都是养眼的绿衣精灵，酢浆草、非洲堇、报春花……又像一个个漂亮的千面俏佳人。在家装界普遍流行软装饰的今天，小绿植就是你办公室里边最时尚的软装饰。

什么叫赏心悦目？案头的几盆小绿植，让你在忙碌的工作中，偶尔抬头就能给眼睛“放个假”，给心情也“放个假”，让成天面对着电脑屏幕的疲劳双眼得到休息，好像点滴了珍珠明目液一般的清凉、滋润和舒适。还有，当你整天埋头于文案、图纸，扎堆在文件、报告当中连轴转时，总免不了偶尔也会大脑停电思维短路，这时候，暂且把手头的工作丢在一边，腾出点时间侍弄你的小花草吧。浇些水，施点肥，整理一下残枝败叶，可爱的小花草总会令人情不自禁地感染它的朝气与活力，让它来帮你打打气再加点油。享受了一回绿色Spa，回过头来或许你就会惊喜地发现，头不疼了脑不热了，灵感又回来了，思维又清晰了，你的文案OK了，老板又冲着你微笑了。

或许你还不知道，尽管你是高档写字楼里自我感觉良好的摩登白领一族，装修时尚的办公环境对你却并不友善。电脑正悄无声息地向你释放着辐射，复印机散发出的有毒气体正侵蚀着你的健康……而这正是我们恋上小花草的另一大理由，小花草是纯天然的“空气净化器”，能帮助清除室内有害气体。芦荟每24小时能消灭1 m^3空气中所含90%的甲醛，常春藤能消灭90%的苯，龙舌兰可吞食70%的苯、50%的甲醛和24%的三氯乙烯，吊兰能吞食96%的一氧化碳和86%的甲醛……可爱的小花草是我们身边懂魔法的绿仙子，帮助净化空气排出毒素，成为我们得力的健康小卫士。

且不必啵啵不休这般实惠那般好处，无论如何，年轻人爱上花花草草都只是好事一桩。侍弄花草是一件慢活计，在这个快节奏时代中，拥有悠闲是奢侈的幸福，显得尤为可贵。花草教给我们亲近自然，当你抱怨钢筋水泥的都市丛林太过缺乏人情味的时候，几株花，一棵草带来的缕缕芬芳能让你的思绪变得柔软，心情变得舒雅，让我们无论身处何季节都仿佛置身于春天的怀抱中。

点亮家居的绿意空间

向往田园生活，渴望把自然带回家，就从恋上小花草开始。对于年轻的白领一族来说，或许忙碌的工作已经占据了你的大部分时间，但不要紧，只要你热爱花花草草，到花市或花店里选几盆迷你小绿植带回家，无需耗费太多的精力去打理照顾，同样能够左拥碧绿，右抱粉红，尽享快乐休闲的园艺生活。

用小花草来装饰家居，有许多讲究。比方说客厅，是家居对外的窗口，待客会友的场所，也是全家人平日里活动最多的地方，因此，摆放在这里的小花草首先应该美丽大方养眼，充满活泼的生机。近年花市里流行专门的年宵花、节日花，逢年过节摆上这样的花草，就能大大增添喜气，时时提醒你现在正在过节。流行的还有许多带吉祥寓意的花草植物，客厅里有了它们的点缀，客人来了定会感觉眼前一亮，心情大好。

干净整洁的餐厅才能让人胃口大开，愉快地享受美食，让小花草成为你餐厅中的一道绿色风景吧。绚丽缤纷的色彩，或娇美或可爱的花颜，都会让你在进餐时的心情轻快起来。小型的香草或者果蔬也可以用来装饰餐厅，因为它们离你美味的“盘中餐”本来就只有一步之遥。

书房，家居中最为清净高雅的处所。读书写字求知学习，钻研探索沉思静想都在书房，绿意满眼，心静则凉，所以那些清新、优雅、宁静风格的小绿植都是书虫们的最爱。当然了，善于对抗电脑辐射又奇趣可爱的小多肉，有益于净化空气的活氧植物也是书房里的上佳之选。

要想在自然的怀抱中沉沉睡去，可以找几株陪伴入眠的温柔植物来，为你的卧室营造出轻松安逸的休息氛围。恬静风格的小绿植，有宁心安神作用的香草小盆栽，对于卧室来说尤为合适。能够提高空气质量，对身体健康大有裨益的活氧植物也应该入住卧室。

别以为浴室是植物的禁区，就因为空间狭小，迷你型的小绿植更可以在这里大显神通。那些“耐阴”、“喜湿”的蕨类植物统统请进来，适合水培的绿叶植物也适合在这里立足。多了几分绿意，清新洁净的感觉随之而来，你可以悠闲地在家做绿色Spa。不过，如果浴室光照条件欠佳，千万要记得让小绿植们定期去室外“轮换”休养哦。

拥有绿意满屋的家居，就等于拥有了美丽的心情，让你的心徜徉在这片绿色的天地里自由放歌罢。

花草新鲜人的入门课程

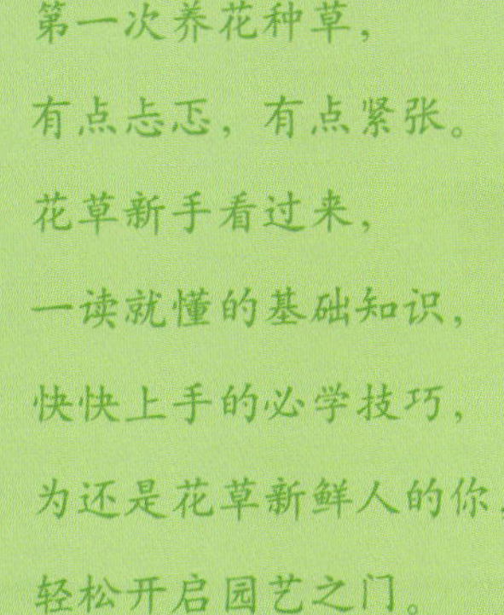

第一次养花种草，

有点忐忑，有点紧张。

花草新手看过来，

一读就懂的基础知识，

快快上手的必学技巧，

为还是花草新鲜人的你，

轻松开启园艺之门。

养护篇

YANGHU PIAN

花草诊疗室

光照

光照是花卉植物生存的必需条件，它促进叶绿素的形成，是营养物质的能源，没有光的存在，光合作用就不能进行，也就没有绿色植物。光照的多少，可以决定植物生长和发育速度，不同种类的花卉对于光照的要求是不同的。按照花卉对光照强度不同的要求，大体上可将花卉分为阳性花卉、中性花卉、阴性花卉及强阴性花卉。

阳性花卉。栽培中需要充足的光照，如阳光不足，则易造成枝叶徒长，组织柔软细弱，叶色变淡发黄，不易开花或开花不良，易遭病虫为害。大部分观花、观果花卉都属于阳性花卉，多数水生花卉、仙人掌与多肉植物也属于阳性花卉，如玉兰、木棉、梅花、海棠、荷花、金琥等。

中性花卉。在阳光充足的条件下生长良好，但夏季光照强度大时需要遮阴栽培，如扶桑、桂花、茉莉、朱顶红、八仙花等。

阴性花卉。在北方夏季需要遮阴，在南方需全年遮阴栽培的花卉，如文竹、杜鹃、绿萝、万年青及君子兰等，如长期处于强光照射下则枝叶枯黄，生长停滞，严重的甚至死亡。

强阴性花卉。在南、北方需全年遮阴栽培的花卉，如肾蕨、绿萝等。

盆花浇水的基本原则

盆花浇水量的确定，一方面应根据每种花卉自身的生态习性，另一方面也要考虑培养土的成分、天气状况、植株大小、生长发育阶段、花盆大小、放置地点等因素，经过综合考虑后确定浇水次数和浇水量。

一般情况下，湿生花卉多浇，旱生花卉少浇；草本花卉多浇，木本花卉少浇；天热多浇，天冷少浇；旱天多浇，阴天少浇；叶片大而柔软、光滑无毛的多浇，叶片小而有蜡质层、茸毛、革质的少浇；生长旺盛期多浇，休眠期少浇；苗大盆小的多浇，苗小盆大的少浇。

一年四季的供水量大体是：每年春回大地气温逐渐升高后花卉逐渐进入生长旺期，浇水量应逐渐增多。春季浇水宜在午前进行；夏季气温高，花卉生长旺盛，蒸腾作用强，浇水应充足些，浇水时间以清晨和傍晚为宜；立秋后气温渐低，花卉生长缓慢，应适当少浇水；冬季气温低，多种花卉进入休眠或半休眠期，要控制浇水，盆土不太干就不要浇水，否则最易烂根、落叶，影响来年生长发育，冬季浇水宜在午后1～2时进行。

“见干见湿”和“不干不浇，浇必浇透”

因为每种花卉在原产地所形成的生态习性不同，因而对水分的需求量有所差异，所以对水生、湿生、中性、半耐旱和耐旱的各类花卉浇水时不能千篇一律。换句话说，就是对每一类花卉浇水必须根据其生长习性区别对待，做到科学浇水。养花行家总结的给盆花浇水要掌握“见干见湿”的原则主要适用于目前一般家庭所莳养的中性花卉，这类花卉在家居盆栽中所占数量最大。所谓“见干”，是指浇过一次水后等到土面发白，表层土壤干了，再浇第二次水，绝不能等盆土全部干了才浇水。所谓“见湿”，是指每次浇水时都要浇透，即浇到盆底排水孔有水渗出为止，但不能浇“半截水”(即上湿下干)，因为一盆生长旺盛的花卉其根系大多集中于盆底，浇“半截水”实际上等于没浇水。采用“见干见湿”方法浇水，既满足了这类花卉生长所需要的水分，又保证根部呼吸作用所需要的氧气，有利于花卉健壮生长。

“不干不浇，浇必浇透”，其道理与“见干见湿”基本相同。所谓“不干不浇”，即等盆土表层全部干了再浇水，目的是使两次浇水之间有个间隔时间，使土壤中有充足的氧气供根部吸收，并不是要等到土壤完全干了才浇水。“浇透”和“见湿”的意思完全一样。这种浇水方法主要适用于半耐旱花卉。此外对于耐旱花卉，浇水应掌握“宁干勿湿”的原则。对于湿性花卉浇水应掌握“宁湿勿干”的原则。

花草诊疗室

基质是花卉生长栽培的基础，不同的花卉对基质的要求不同，因此需根据不同的花卉配制其所需的营养土，以满足花卉生长的需求。居家园艺常用的基质有：

园土：是耕地表层熟化的土壤，土质较肥沃，以菜园土为佳。园土干后易板结，一般不单独使用。

泥炭土：为古代沼泽植物埋藏地下分解不完全而形成的，排水性和透气性良好，保水能力强，是花卉栽培常用的材料。

腐叶土：由落叶、杂草及菜叶等与土壤分层堆积1～2年腐熟发酵而成。含丰富的有机质，呈弱酸性。山中自然形成的腐叶土常称为山泥，多用于喜酸性土壤的花卉栽培。

塘泥：为池塘或湖泊中的沉积土，有机质含量高。晒干打碎后使用，可单独使用，也可以与其他基质混合使用。

河沙：质地纯净，通气透水性好，不含肥力，无病菌。常用于调制培养土。常用于扦插繁殖，是栽培多肉植物的重要配料之一。

木炭块：质轻，是木材经高温烧制而成，无病菌，常用于附生兰栽培。

石块：质重，排水性好，常用于附生兰栽培。

陶粒：是经黏土、粉煤灰、页岩、煤矸石等高温烧制而成，规格有多种，常用于附生植物栽培或水培。

树皮块：规格有多种，质量参差不齐，排水性好，有一定的保水保肥作用，常用于兰花栽培。

兰石：也叫浮石，是由火山喷发所形成的，孔隙大，排水性、保水性、保肥性均较好，常用于兰花、多肉植物栽培。

常用的基质还有水苔、珍珠岩、蛭石、砻糠灰、炉灰渣、椰糠、木屑、蕨根等，可根据情况就地取材，用于配制花卉所需的营养土。

花草诊疗室

肥料

肥料可改善土壤性质，提高土壤肥力，可提供一种至多种植物必需的营养元素，可分为无机肥料、有机肥料两大类。

常见的无机肥料有氮肥，如尿素、硫酸铵和硝酸铵等，可为植物提供速效氮；磷肥，如过磷酸钙及磷矿粉等，有助于花芽分化，能强化植物的根系，并能增加植物的抗寒性；钾肥，如氯化钾和硫酸钾，可增强植物的抗逆性和抗病力；复合肥，种类较多，也是最常用的肥料之一，如磷酸二氢钾、俄罗斯复合肥、花多多、康普等。有些厂家根据不同花卉的特性，推出了一些花卉专用肥，如观叶植物专用肥、木本花卉专用肥、草本花卉专用肥、酸性土花卉专用肥、仙人掌类专用肥、兰花专用肥等，一般施用浓度为1 000～2 000倍，可根据说明使用。

常用的有机肥有饼肥类，是用麻酱渣、豆饼、花生饼、棉籽饼、菜子饼沤制而成，含有大量的氮、磷、钾及微量元素，用罐及瓶沤制时不能绝对密封，因沤制产生的气体可能将罐瓶胀破，会发生危险。沤制时间2～3个月，依温度高低而定，施用时可将上面的清液对水20～30倍浇灌，清液取出后还可加水继续沤制；鸡鸭粪，是磷肥的重要来源，含氮量也较高，使用前也要堆沤，时间大约2个月；矾肥水，用硫酸亚铁（黑矾）加有机肥及水配制而成，常用于酸性土花卉，可有效防止花卉叶片黄化现象发生，配制方法：水1千克，饼肥或蹄片50～100克，硫酸亚铁30～50克，按上述比例将它们一起放入缸内，发酵1个月后取其上清液对水10倍稀释后即可使用；蹄片类，动物的蹄角也属此类，含有氮、磷、钾等元素，可直接施放在盆土的下层或靠近花盆的边缘，肥效慢慢地释放，也可以用缸、罐等密封沤制成速效的有机肥；动物内脏，可用堆制方法处理，在室外找一块空地，挖坑埋入土壤中，并加入一些杀虫剂，经几个月后即可成为高效的有机肥；骨粉肥，含磷元素较高，最好与其他有机肥混合后沤制，一般多做基肥使用。

另外，在日常生活中也可收集沤制有机肥的原料，残余的菜叶、霉烂的黄豆、花生、各种动物的骨头等均可沤制使用，而且肥效高，制法简单。

在沤制有机肥时，难免会散发出一些难闻的臭味，可在沤肥容器内放几块橘子皮，以减少臭味。

管理篇
GUANLI PIAN

花草诊疗室

当你家的花草出现以下情形时，应尽快为它们换盆。

- 花木的根系长满盆时，会有根系从盆底的排水孔伸出，另外在松土时，根系明显地阻碍松土工具。
- 当盆土中所含的养分被植株消耗殆尽时，植株长势逐渐衰弱，长势缓慢，会出现老叶黄化、落花、落蕾及开花时间缩短。
- 有些植物生长快，植株已长至较大时。
- 土壤板结，通透性下降，浇水会从盆壁流出，很难浇透时。

花草诊疗室

病虫害

常见的病害及化学防治方法

白粉病：可用50%退菌特1 000倍液、50%多菌灵1 000倍液、15%粉锈宁可湿性粉剂1 000倍液、70%甲基托布津可湿性粉剂800～1 000倍液喷施防治，每周 1 次，连续施用3次，不同的杀菌剂最好交替使用。

炭疽病：可用80%的炭疽福美800倍液、25%炭特灵可湿性粉剂500倍液、50%苯菌灵可湿性粉剂1 000倍液、50%施保功可湿性粉剂1 000倍液防治，每周1次，连喷3次，可交替使用。

白绢病：基质在使用前，除高温消毒外，也可用药剂处理，药物可用40%五氯硝基苯粉剂，可将基质重量的0.2%～0.3%药剂拌入基质中，或用水稀释500倍浇灌基质。发病后可用井冈霉素500～700倍液，直接喷淋病株2～3次，基本可完全清除，也可使用15%的粉锈宁可湿性粉剂拌细干土100～200份撒在病株根茎处。

叶斑病：可用50%苯来特可湿性粉剂2 500倍液、1∶100波尔多液、50%炭疽福美1 000倍液、70%百菌清1 000倍液、50%施保功可湿性粉剂1 000倍液喷施防治，交替喷施3～4次，7～10天1次。

灰霉病：可用65%代森锌可湿性粉剂500倍液、50%速克灵1 000倍液、50%多霉灵1 000倍液，每周喷施1次，交替使用，连续2～3次。

锈病：可喷施65%代森铵可湿性粉剂600倍液、或50%多菌灵可湿性粉剂1 000倍液、25%粉锈宁可湿性粉剂1 000倍液、50%疫霉净500倍液喷雾防治，可交替施用，效果更佳，一般喷施3次。

病毒病：主要是阻隔传染源，如用药剂喷杀红蜘蛛、蚜虫等传毒昆虫，种子消毒等方法防治，也可用病毒灵1 000倍液喷施防治。

软腐病：易发期喷施3 000倍液的农用硫酸链霉素防治，每周1次，连喷3次。

煤烟病：发病后，用清水擦洗患病枝叶和喷洒50%多菌灵500～800倍液。

常见的虫害及化学防治方法

红蜘蛛： 可用73%的克螨特2 000倍液、40%的氧化乐果1 000倍液、三氯杀螨醇1 200倍液喷杀，可交替施用，以防产生抗药性。

介壳虫： 可用40%速扑杀乳油1 000～1 200倍液、40%的氧化乐果1 000倍液喷杀，连续3次，交替使用为佳。

蚜虫： 可用10%吡虫啉可湿粉2 000倍液、50%抗蚜威可湿粉剂1 500～2 000倍液、20%灭扫利乳油2 000倍液、40%乐果乳油1 000倍液喷杀，每周1次，连续2～3次。

线虫： 除对土壤消毒外，可用10%克线磷颗粒剂1～2克埋入盆土中，对线虫有较强的杀灭作用。

白粉虱： 可用敌蚜虱（3%啶虫脒乳油）800～1 000倍液、2.5%溴氰菊酯2 000倍液、20%速灭杀丁2 000倍液喷杀。每周1次，连喷3次。

蓟马： 可用40%氧化乐果1 500倍液、10%吡虫啉可湿粉1 500倍液、2.5%溴氰菊酯3 000倍液喷杀。5～6天1次，连续2～3次。

简易而又环保的家庭自制杀虫剂

烟叶水： 烟叶200克，剁碎后放入10升水中浸泡一昼夜过滤去渣，3天内用完。

大蒜液： 大蒜300克，捣烂加10升水稀释，取上清液喷洒，随稀释随喷洒。

烟蒂水： 烟蒂600克，用10升水浸泡2天过滤去渣，使用时再加水10升，加肥皂粉20～30克，搅匀后喷洒。

草木灰液： 草木灰3千克，水10升，泡3昼夜去渣喷洒。

白头翁液： 白头翁是球根花卉。取白头翁根500克加水5千克煮沸30分钟，过滤后喷洒。

花椒液： 取花椒200克加水2 000克，煮成1 000克原液，每500克原液加水2 000～3 000克喷洒。

洗衣粉水： 选用中性洗衣粉1克，兑水150克喷洒。

风油精稀释液： 用风油精稀释400～800倍液喷洒。

辣椒水： 取红的干辣椒50克，加清水1 000克煮沸15分钟，过滤后取其上清液喷洒。

此外，大葱、韭菜、姜、洋葱以及桃叶、蓖麻子、银杏叶、车前草、曼陀罗等切碎捣烂，加水若干倍浸泡后，喷洒或施入土中，也可防治害虫。自制杀虫剂一般对一些小型害虫效果好，如对蚜虫、粉虱、螨类、介壳虫等效果均在90%左右。

花草诊疗室

修剪是为了使花卉株形美观，枝条分布均匀，控制徒长，合理分配养分，促进开花。一般的修剪方法有：

摘心：是将正在生长的花卉枝梢摘掉，木质化的顶梢可用枝剪剪除。主要是为了促发侧枝，有利于养分积累，可使株形美观及开花量增加。如一品红、一串红摘心可促分枝、多开花，株形更美观。

抹芽：是将花卉的腋芽、嫩枝或花蕾抹去，集中养分，使花繁叶茂。

剪枝：可调整树姿，有利于通风透光，常将枯枝、病虫枝、纤细枝、平行枝、徒长枝、交叉枝、密生枝等剪掉。如灰莉需适当剪枝，如枝条过密，下部枝条常枯死，影响株形美观。

短剪：是将枝条剪除一部分的修剪方法，可分为轻剪、中剪和重剪。轻剪，即剪去枝条的1/5～2/5；中剪，即剪去枝条的1/2；重剪，即剪去枝条的3/5～4/5。短剪可促进枝条萌发，生长旺盛。

剪根：多在移植、换盆、翻盆时进行，对过长根、枯根、病虫根剪除，可促进新根萌发。

摘叶：摘除枯叶、残叶、病叶及过密的叶片，防止病虫害发生及利于通风透光。

花草诊疗室

播种繁殖

播种繁殖也就是实生苗繁殖，种子具有体积小、重量轻、产苗量大等特点，通过播种得到的苗株根系发达，寿命长，适应性强，但通过异花授粉的种子易发生变异，不易保持原品种的优良特性，有不同程度的变异和退化现象。

播种时对于一些发芽困难的种子，如鹤望兰、荷花等，在浸种前用刀刻伤种皮或磨破种皮，以利出苗；对于君子兰、金银花等出苗非常缓慢的种子，在播种前应进行催芽；对于休眠的种子可采用低温层积处理，把花卉种子分层埋入湿润的素沙里，放在0～7℃环境下，层积时间一般在6个月左右。如榆叶梅、海棠等，经层积处理后即可取出，筛去沙土，或直接播种，或催芽后再播；一些细小的种子，如大岩桐种子播后可不覆土，但要注意覆薄膜保湿，以防营养土表面干燥，影响种子发芽。

扦插繁殖

扦插繁殖是用植物的营养器官如根、茎、叶插入基质中，使之生根，抽枝长成完整的植株，它的优点是繁殖材料充足、产苗量大、成苗快、开花早，并能保持原品种的优良特性，适于家庭采用。

扦插可分为草本扦插及木本扦插。草本扦插又可分为叶插、嫩枝扦插、叶芽插、根插；木本扦插分为嫩枝扦插及硬枝扦插。

分生繁殖

分生繁殖是植物营养繁殖方法之一，将植株长出的幼植株体，如萌蘖与母株分离另行栽植而成为独立新植物的繁殖方法。分生繁殖是最简单、最可靠的繁殖方法，成活率高，但产苗量少。因花卉的生物学特性不同，又可分为分株法和分球根法两种方式，前者多用于丛生性强的花灌木和萌蘖力强的多年生草花，后者则用于球根类花卉。

花草诊疗室 工具

居家园艺必备的工具

喷壶与浇水壶：喷壶可用于小苗、育苗、扦插等浇水，也可用于清洗叶面，市售的喷壶有大、中、小号，可根据情况选用。浇水壶可直接用于灌木及较大植物的浇水，可与喷壶合二为一，安上喷头当喷水壶使用。

花铲：用于移植、松土、铲除杂草等。

枝剪：用于木本花卉修剪、扦插繁殖。

剪刀：用于草本花卉修剪、整形、扦插繁殖。

嫁接刀：用于嫁接。常见的有劈接刀、切接刀和芽接刀三种。

喷雾器：用于病虫害防治时喷洒农药、冲洗叶片、喷雾保湿使用。

小耙与小叉：用于松土及翻土。

小镐：用于松土。

迷你花园里的花草演员

演出开始了，
可爱小花儿，迷你小草儿，
都是花园里的演员大军。
希望看到它们的精彩亮相，
想要沾染它们的朝气活力，
就得付出关爱，细心照顾。
当你拥有了新鲜绿生活，
也就拥有了花开般的美好心情。

观叶类

网纹草

养护难度指数：★★★

观赏期：全年观叶

花语：理性睿智

网纹草又名费通草、银网草，为爵床科网纹草属植物，它的迷人之处在于叶片上纵横交错成网状的叶脉。因其姿态轻盈，植株小巧玲珑，叶脉清晰，叶色淡雅，纹理匀称，深受人们喜爱，是目前在欧美十分流行的盆栽小品种。其实网纹草的种植历史不长，自20世纪40年代被发现以来，仅仅半个多世纪，如今在欧美窗台、阳台和居室中已十分常见，可见这草有着何样特殊难挡的魅力。

花市上常见的网纹草品种有叶脉银白色的白网纹草和叶脉洋红色的红脉网纹草。平日的居家生活中若喜欢动手玩些花样，不妨选择这两种网纹草来做个时尚的组合盆栽。因为它们的植株低矮匍匐，用几株颜色或形态各异的直立灌木种植于盆中靠后的位置，前面配上网纹草、常春藤、吊兰这些低矮垂悬型的品种，一幅生动的绿植立体画即刻就会跃然于你的眼前呢。

栽培管理：

环境和光照： 网纹草喜中等强度的光照，忌阳光直射，但耐阴性也较强，在室内最好摆放在明亮的窗边。耐寒力差，气温低于12℃，叶片就会受冷害，约8℃植株就可能死亡。

栽培介质： 网纹草以富含有机质、通气保水的沙质壤土最佳，盆栽土常用培养土、泥炭土和粗沙的混合基质。用泥炭种植也很好，有助于根部经常保持湿润。

繁殖方法： 常用扦插、分株繁殖。在适宜温度条件下，全年可以扦插，以5～9月温度稍高时扦插效果最好。从长出盆面的匍匐茎上剪取插条，长10厘米左右，一般需有3～4个茎节，去除下部叶片，稍晾干后插入沙床。如插壤温度在24～30℃时，插后7～14天可生根。若温度过低，插条生根较困难。一般在插后1个月可移栽上盆。也可分株繁殖，对茎叶生长比较密集的植株，有不少匍匐茎节上已长出不定根，只要匍匐茎在10厘米以上带根剪下，都可直接盆栽，在半阴处恢复1～2周后转入正常养护。

水分： 网纹草浇水时必须小心。如果让盆土完全干掉，叶就会卷起来以及脱落；如果太湿，茎又容易腐烂。而网纹草的根系又较浅，所以等到表土干时就要再进行浇水，而且浇水的量要稍加控制，最好能让培养土稍微湿润即可。日常浇水3～4天1次。

肥料： 对于生长旺盛的植株，每半个月可施一次以氮为主的复合肥。

病虫害防治： 常见病害有叶腐病和根腐病。叶腐病用25%多菌灵可湿性粉剂1 000倍液喷洒防治。根腐病用链霉素1 000倍液浸泡根部杀菌。虫害有介壳虫、红蜘蛛和蜗牛为害。介壳虫和红蜘蛛用40%氧化乐果乳油1 000倍液喷杀。蜗牛可人工捕捉或用灭螺丁诱杀。

生长适温： 18～30℃

装饰建议

网纹草叶片清新美观，翠绿清秀，轻快柔和，特别适合用于布置书房、卧室，搭配红陶盆、紫砂盆、或其他素色瓷盆，置于案头、桌几、台面，让人感到新鲜、舒畅。

购买建议

宜挑选枝节间短，枝叶茂盛且分枝较多；植株低矮匍匐，株形圆整均匀，脉纹清晰者为佳。

嫣红蔓

养护难度指数：★★★

观赏期：全年观叶

花语：活泼

嫣红蔓可以算得上观叶植物中的小美女。它的模样就和“嫣红蔓”这个名字一样的婉约动人，叶面橄榄绿，布满粉红色或白色斑点，好像人工喷洒了油漆喷墨的样子，所以又有鹃泪草、红点鲫鱼胆、小雨点这些有趣可爱的别名。而它的英文名因此也叫做Dot plant，意为“带斑点的植物”。

它的叶片色彩缤纷，有“粉霜”、“红霜”、“玫瑰红霜”及“白霜”等多个品种，风格异雅，是极有特色的，可以说有着金牌级的园艺观赏价值。

嫣红蔓的叶片拥有变化丰富的自然图案，可作为室内观赏的玲珑小品，用在组合盆栽当中，更有着卓越的色彩表现，相当的亮丽时尚，令人激赏。如果你家的室内植物都是一成不变的绿，不妨利用嫣红蔓来装点幻彩空间吧！

栽培管理：

环境和光照： 喜温暖湿润及半阴的环境，喜光照，部分遮阴或部分光照，适当增加直射光还可增加叶片色彩。不耐寒，越冬温度需12℃以上。

栽培介质： 宜疏松、微酸性、深厚肥沃、透水、富含腐殖质的土壤。

繁殖方法： 用播种及扦插两种方法繁殖。播种在春、秋两季，5～10天后发芽。扦插栽培的成活率高，剪取顶芽或枝条，每段2～3节，插于砂床中，保持湿度，扦插期间用速大多稀释1 000倍每10天喷洒1次促进发根，3～4周后能发根。

水分： 性喜湿润，日常浇水视盆土干燥情况3～4天1次。

肥料： 一般使用复合肥或有机肥皆可，每15天施用1次。

其他： 嫣红蔓的生长相当快速，须常摘心促使侧枝发生，且植株也会较低矮而茂密，若植株过高可实施强剪，使其重新萌发新枝。

发芽适温： 20～24℃

生长适温： 15～25℃

装饰建议

由于嫣红蔓叶片色彩缤纷，通常以观叶为主，可用其布置客厅、餐厅，也很适合儿童房。搭配红陶盆、紫砂盆、或其他素色瓷盆，置于案头、桌几、台面，玲珑生趣。

购花建议

宜挑选枝节间短，枝叶茂盛且分枝较多；植株低矮匍匐，株形圆整均匀；叶色鲜艳，斑点明晰者为佳。

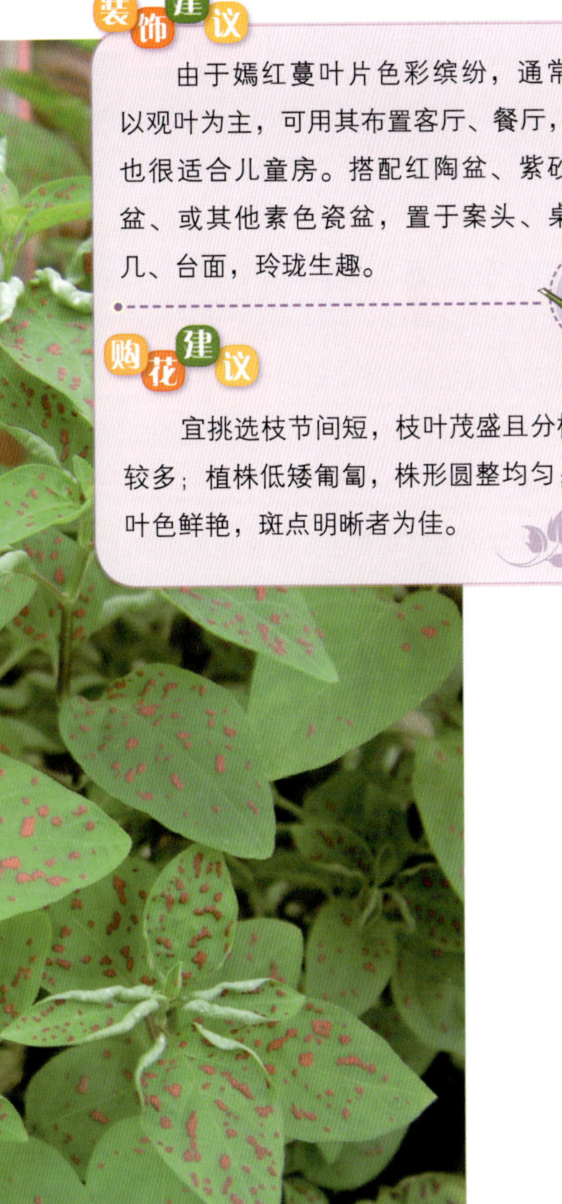

红掌

养护难度指数：★★★★

观赏期：全年开花

花语：热情、幸福、大展宏图

天南星科花烛属，叶片浓绿，平滑而长，开花时，可见红色的细长花梗抽出，并着生一鲜红或橙红的佛焰苞，形似掌状，故名红掌。也有粉、白等其他颜色的园艺品种。它的圆柱形花序形如蜡烛，所以又叫花烛、蜡烛花。还有一种顶尖花序弯曲成螺旋形的火鹤花，与它同科同属，十分相似，也有很好的观赏装饰效果。红掌的花期很长，切花水养可长达1个月，盆栽单花期可长达4～6个月，是相当受欢迎的室内观叶又观花的植物。

红掌的名字容易让人联想起王洛宾《咏鹅》中的名句："白毛浮绿水，红掌拨清波"。因为它色泽鲜艳夺目，许多欧美人士把它视为"热烈、豪放"的象征，用于西式插花布置厅堂，会显得异常瑰丽和华贵。此外，当新店开张或婚礼喜庆时，人们还挑选它用于制作花篮，以增添欢乐的气氛。还有擅长花道的日本人对红掌也非常有好感，她们在运用"天、地、人"的插花方式时往往把红掌插在"天"的位置，以显示它的英姿，并且冠以"大红团扇"的美誉。

栽培管理：

环境和光照： 红掌属耐阴植物，忌阳光直射。夏季可放在房间的阴面或厅内有散射光的位置，冬季可见全光照。

栽培介质： 喜疏松、排水良好的基质，可用泥炭土加少量珍珠岩混合成营养土，也可用插花用的花泥切成小块栽培。

繁殖方法： 家庭栽培用分株法，生长健壮的植株2～3年可以分株一次，分株前控水，土壤太湿不好操作，稍干即可，将植株从花盆脱出，将宿土去掉，用利刀将根茎相连处剪断，一般每丛3～5株，并对根系进行修剪，对促发新根有利。

水分： 保持基质湿润，一般2天浇水1次，冬季可适当控水。对空气湿度要求较高，需经常喷雾，以利于叶片花佛焰苞生长，湿度控制在80%为宜，过湿叶片易长青苔，影响观赏。

肥料： 苗期以生长型复合肥为主，成株后以平衡型肥料为主，一般春、秋季节，5天左右施肥1次，夏季3天施肥1次，冬季每周1次，施肥需根据天气、基质情况而定。

病虫害防治： 病虫害较多，较为严重的有线虫病、细菌性疫病、红蜘蛛等危害。线虫病没有良好的防治方法，种植前需对基质消毒或选择抗病性强的品种，细菌性疫病可用农用链霉素防治，红蜘蛛可用三氯杀螨醇或氧化乐果防治。

其他： 红掌对温度较敏感，夜间不应低于18℃，长时间低于13℃左右，植株虽不会死亡，但生长较慢。

生长适温： 20～25℃

装饰建议

红掌的佛焰苞颇为美丽，观赏性佳，特别适合布置客厅，吉祥喜庆气氛浓郁；建议可与一些风格沉稳、素暗、简洁的艺术花器搭配，方显不落俗套。或置于光线较弱的阳台、窗台等处观赏，也可切花用于客厅装饰。

购花建议

以花叶秀挺有精神，叶片浓绿、光泽度好，佛焰苞较多，颜色鲜红、有蜡质光泽者为上品。

白掌

养护难度指数：★★★

观赏期：全年观叶，5～8月观花

花语：一帆风顺

知道了红掌这种植物，还应该再来认识一下它的同胞姐妹白掌。白掌为天南星科苞叶芋属多年生常绿草本观叶植物，它与红掌有许多相似之处，开的花也为佛焰苞，由一块白色的苞片和一条黄白色的肉穗所组成，酷似手掌，故名白掌。相形于红掌的热烈和喜庆，白掌则显得清隽和淡雅许多，因而成为欧洲最流行的室内观叶植物之一，在欧洲一些著名的植物园中都有栽培。目前全世界白掌的品种有近30种，常见的有绿巨人、香水白掌、神灯白掌、大叶白掌、梦娜罗亚白掌。

白掌的花儿酷似鹤翘首，亭亭玉立，洁白无瑕，故又得名白鹤芋，被视为“清白之花”。而中国民间则认为白鹤芋有一种“纯洁平静、祥和安泰”的吉祥寓意，特按其花的形象美其名曰“一帆风顺”。

白掌是抑制人体呼出的废气如氨气和丙酮的“专家”，同时它也可以过滤空气中的苯、三氯乙烯和甲醛。它的高蒸发速度还可以防止鼻黏膜干燥，使患病的可能性大大降低。

栽培管理：

环境和光照：性喜温暖湿润、半阴的环境，忌强烈阳光直射，不耐寒，越冬温度为10℃以上。

栽培介质：要求土壤疏松、排水和通气性好，不可用黏重土壤。一般可用腐叶土、泥炭土拌和少量珍珠岩配制成基质。

繁殖方法： 由于其易产生萌蘖，故多用分株法繁殖。生长健壮的植株2年左右可以分株一次。早春新芽生出之前整株从盆中倒出，去掉宿土，在株丛基部将根颈切开。每一小丛最好能有3个以上的茎和芽，应尽量多带些根群，以利新株较快地抽生新叶和株形丰满。

水分： 经常保持盆土湿润，一般2天浇水1次。高温期还应向叶面和地面喷水，以提高空气湿度，如周围环境太干燥，新生叶片易变小、发黄，严重时枯黄脱落。

肥料： 种植时加少量有机肥作基肥。由于其生长速度快，需肥量较大，故生长季每1～2周须施一次液肥。

病虫害防治： 常见细菌性叶斑病、褐斑病和炭疽病危害叶片，可用50%多菌灵可湿性粉剂500倍液喷洒。另有根腐病和茎腐病发生，除注意通风和减少湿度外，可用75%百菌清可湿性粉剂800倍液防治。有时发生介壳虫和红蜘蛛为害，用50%马拉松乳油1 500倍液喷杀防治。

生长适温： 20～28℃

装饰建议

白掌花叶兼美，轻盈多姿，故深受人们的青睐，可用其布置书房、卧室，搭配红陶盆、紫砂盆、青花瓷盆或其他素色、彩绘瓷盆，置于案头、桌几、台面，绿化装饰极佳。

购花建议

以株丛茂密、叶片浓绿、光泽度好、佛焰苞较多者为上品。

常春藤

养护难度指数：★★★

观赏期：全年观叶

花语：结合的爱、忠实、友谊、情感

即使你从未种过花，也有可能从欧亨利的小说中知道“常春藤”的名字，《最后一片叶子》是一个关于生命与爱的感人故事。老画家为了帮助邻居生病的女孩鼓起活下去的勇气，在风雨交加的寒冬之夜爬上墙，画了一片永不凋落的常春藤叶子。女孩振作起来了，老画家自己却感染了风寒，永远地离开了人世。

常春藤为多年生常绿蔓性植物，藤蔓茂密青翠姿态优雅，叶呈不规则三角形，外形美观清新。花市上常见的品种有绿叶的中华常春藤和斑叶的金心洋常春藤。中华常春藤叶面暗绿色，无斑纹，看起来稳重高雅大方。金心洋常春藤叶片翠绿，带有嫩黄色或白色斑纹，看起来更加活泼俏丽些，时尚感较强，年轻的花友们可能会觉得它的园艺观赏价值一级棒。

在希腊神话中，常春藤代表酒神迪奥尼索司（Dionysus），有着欢乐与活力的象征意义。而且，就像它这个动听的名字“常春藤”一样，预示着春天长驻，因此它同时也象征不朽与永恒的青春。

另外特别值得一提的是，常春藤有助于净化室内空气，能吸收由家具及装修散发出的苯、甲醛等有害气体，为人体健康带来极大的好处。此外它全株可入药，有祛风利湿，活血消肿，平肝，解毒的功效。用于治疗风湿关节痛、腰痛、跌打损伤、肝炎、头晕、口眼蜗斜、衄血、目翳、急性结膜炎、肾炎水肿、闭经、痈疽肿毒、荨麻疹、湿疹。

生辰花：

1月15日，花语为贞节。开黄绿色花朵的常春藤，蔓生于全欧洲及北亚。它的枝条纤细绵长，而且紧紧地缠绕着墙壁、树干。由于这种个性，所以常春藤的花语是——贞节。凡是这一天诞生的人，从来不会背叛别人。如果遇到一位不会辜负你一片诚心的恋人，他大概可以与你共一个温暖、理想的家庭吧！

4月8日，花语为感化。英国在16世纪采用忽布花以前，都是用常春藤来酿啤酒，因为把它混在麦子里，会使麦子化成啤酒。所以，常春藤的花语就是——感化。凡是受到这种花祝福而生的人，具有了不起的感化力，能够影响其他人，或许你适合当个政治家或企业家吧？对恋人也有莫大的影响力，能把对方潜移默化成自己喜欢的类型。

栽培管理：

环境和光照： 喜充足的光照，夏季光照过强时适当遮阴，可防叶片灼伤失去光泽。

栽培介质： 对土壤要求不严，可用腐叶土加等量菜园土及少量河沙混合成营养土，也可用泥炭土加少量珍珠岩栽培。

繁殖方法： 常春藤可采用扦插法、分株法和压条法进行繁殖。除冬季外，其余季节都可以进行。扦插法：适宜时期是4～5月份和9～10月份，切下具有气生根的半成熟枝条作插穗，其上要有一至数个节，插后要遮阴、保湿、增加空气湿度，3～4周即可生根。匍匐于地的枝条可在节处生根并扎入土壤，因此，用分株法和压条法都可以繁殖常春藤。

水分： 喜湿润，生长期保持盆土湿润，土表稍干后即可浇1次透水，冬季土壤宜偏干。在干热季节多向植株喷水，可使叶色更美观。

肥料： 常春藤在春、秋两季生长旺盛，10天施肥1次，以通用型复合肥为主，忌偏施氮肥，以防枝叶徒长。秋后可施1～2次有机肥，以利组织充实安全过冬。冬季停止施肥。

病虫害防治： 主要有炭疽病、锈病及介壳虫为害，可分别用炭疽福美、粉锈宁及速扑杀防治。

其他： 日常可适当修剪，如枝条过长，可进行短截，以保持株形优美飘逸。

生长适温： 20～25℃

装饰建议

常春藤株形优美飘逸、格调高雅质朴，有南国风情，是一种颇为流行的观叶植物。在庭院中可用以攀缘假山、岩石，或在建筑物阴面作垂直绿化植材。用在室内，则尤其适合用来绿饰书房，也可以摆放在卧室或客厅内，搭配红陶盆、紫砂盆或其他素色瓷盆，置于案头、桌几、台面比较相宜。

购花建议

以枝节间短，枝叶茂盛，分枝较多，叶片碧绿、斑纹清晰，无病虫害者为佳。

铜钱草

养护难度指数：★★

观赏期：全年观叶

花语：财源滚滚

铜钱草为伞形科天胡荽属多年生水生植物，它的形象颇为童趣可爱，长长的叶柄、油绿的叶片圆形盾状带有波浪边缘，夏、秋季节开出黄绿色的小小碎花。因为叶形极为美观，似古代的铜钱，故名铜钱草；而这种带柄的圆叶又很像一枚枚的香菇，所以又有别名叫香菇草，英文里面因此也称它为Water Mushroom，意即长在水里的蘑菇。

铜钱草可以土栽，更适合水培，家居水族箱绿化时，常把它当作前景草来应用。除开观赏，铜钱草根茎叶也可以当蔬菜料理。而且它全草可入药，尤其在民间，常被作为一种随手可得很便利的中药材来使用，具有利尿、 风、固肠、明目清暑等功效。

小小一株铜钱草，不仅模样十分美观耐看，而且栽培管理也极为简单粗放，所以现在它在花友当中越发受到大爱和追捧。尤其对于入门级的养花新手来说，可千万不要错过它哦!

栽培管理：

环境和光照： 喜光照充足的环境，环境荫蔽植株生长不良，叶柄易徒长倒伏。有向光性，需定期调整方向。

栽培介质： 喜肥沃的壤土，可用田土及腐叶土等量配制成营养土，也可用塘泥栽培。

繁殖方法： 以分株法或扦插法繁殖为主，多在每年3～5月进行，栽培容易，保持栽培土湿润，1～2周即可发根。

水分： 喜高湿环境，土壤宜湿，日常浇水可漫过土面，并长期保持湿润，过干叶片生长不良，叶片变小。并可定期向叶面喷水，保持叶面光亮。

肥料： 对肥料要求不高，在生长期施肥3～5次，以复合肥为主。氮肥过多，营养生长过旺，叶柄徒长，观赏性差。

其他： 每年均需换盆，在生长期均可，多结合分株进行。植株生长快，如过于茂盛，影响通风透光，上盆时，栽培不宜过密。

生长适温： 22～30℃

装饰建议

铜钱草茎叶观赏价值高，可用其布置书房、卧室，衬托宁静气氛，如果摆放在浴室中也很清新别致。搭配红陶盆、紫砂盆、青花瓷盆、素色瓷盆、彩绘瓷盆或者玻璃器皿（水培），置于案头、桌几、台面，显得优雅清秀，大方得体。

购花建议

以株丛茂盛，叶色碧绿，茎叶秀挺者为佳。

栗豆树

养护难度指数：★★★

观赏期：全年观叶
花语：元宝

只要你见过一次栗豆树，这种豆科栗豆树属的迷你小绿植肯定就会给你留下深刻的印象。它的茎叶像一株青葱油绿的小树苗，种球自基部萌发，如鸡蛋般大小，革质肥厚，饱满圆润，富有光泽，宿存盆土表面，成熟后开裂，好似用翡翠雕琢而成的中国古代元宝，所以又名绿元宝、招财进宝、元宝树。除了这几个吉祥讨巧的名字，它还有另外一个同样很形象的别名——开心果。因为它的种球成熟开裂的状态就像一个人开心开怀时的样子，而且与我们平时常吃的坚果果仁开心果也颇有几分相似之处。

据说它的种球可供烤食，也不晓得会是什么味道。好奇的话或许也可一试，但只怕有暴殄天物之嫌。面对这么漂亮的小盆栽，还是“眼观手不动”的好，你说呢？

栽培管理：

环境和光照： 幼株耐阴，要求中等强度的散射光线，成株可在全光照下养护。

栽培介质： 喜疏松、排水良好的土壤。多用腐叶土或泥炭土加少量河沙混合成营养土。

水分： 生长期保持盆土湿润，同时应经常向植株喷水保湿。春至夏季每日浇水1次，秋至冬季可减少供水，每周1～2次即可，冬季保持盆土稍干。

肥料： 对肥料要求不高，半个月施 1 次腐熟的液肥或速效性有机肥，不宜过浓。

病虫害防治： 偶有介壳虫为害，可用速扑杀或氧化乐果喷杀。

其他： 越冬温度要保证在12℃以上，盛夏35℃以上时，需加强遮阴及通风。

生长适温： 22～30℃

装饰建议

栗豆树形象奇特，观赏性佳，适合客厅、书房、卧室的案几上摆放欣赏，童趣可爱且名为开心果，也适合摆放儿童房，让你的宝贝成为一个开心宝贝。搭配红陶盆、紫砂盆、青花瓷盆或其他素色、彩绘瓷盆皆可。

购花建议

应选择种球结实饱满圆润且富有光泽，枝叶翠绿，株形匀称者。

吊兰

养护难度指数：★★★

观赏期：全年观叶，春、夏季观花

花语：无奈，但还是有希望

吊兰是一种极为常见的室内垂悬植物。它的叶片修长，翠色如洗，由盆沿向外垂下来一条条长短不一的匍匐茎，既刚且柔，每个茎端簇生着大大小小的新株，飘荡在空中，似蝴蝶轻舞，又如礼花四溢，婉约动人的样子让它得了个“空中仙子”的美名。而这些茎端簇生的新株随风飘动，形似展翅跳跃的仙鹤，所以吊兰自古以来又有“折鹤兰”的别称。

吊兰常见的园艺种有叶片边缘金黄色的金边吊兰，叶中心呈黄色纵向条纹的金心吊兰，叶边缘为白色的银边吊兰，叶片的主脉周围具有银白色的纵向条纹的银心吊兰。这几个品种中又尤以银边吊兰最为清新、雅致、秀美，若摆放一小盆在书房中，给人以特别的清凉冷静感，值得推荐。

关于吊兰的来历民间有个十分有趣的传说。古时有个妒贤忌才的主考官为了让他的干儿子魁名高中，下决心要捺着那个名叫林德祥的才子。在批改林的卷子时恰好碰到皇帝微服来访，主考官慌忙之中把卷子藏到案头那盆长得很茂盛的兰花中，却被相中这盆花的皇帝在不经意中看到并得知了实情，结果不仅免了他的官职，还把那盆花“赐”给了他。主考官又羞又恼，不久就死了。从此以后，这种兰花的茎叶就纷纷向下垂，再也没有直起来过，渐渐地变成了今天的吊兰。

“家种吊兰，污鬼胆寒”，这是流传在闽南、台湾一带的民谚。吊兰是净化室内空气最好的植物，具备强大的吸污本领。居室里只要放上一盆吊兰，就可以在一天之内将室内电器、炉子、塑料制品、涂料等散发出来的一氧化碳、过氧化氮等有害气体吸收并输送到根部，再经过土壤里的微生物分解成无害物质，作为养料被吸收掉。吊兰在自身的新陈代谢中，还能把空气中致癌的甲醛转化为糖和氨基酸等物质。并且能够分解复印机、打印机所排放的苯，还能“吞噬”尼古丁，等等。因此在一间约10米^{2}的房间内，只要有一盆吊兰，就相当于安装了一台空气净化器，足以抵消有害气体带来的负面影响。

此外，吊兰还有药用价值，它的根和全草皆可入药，有清肺消痰，凉血止血，祛湿化滞，通络止痛的功效。能治疗肺热咳嗽、吐血、崩带、菌痢、疳疾、风湿痹痛、跌打损伤等诸多病症。

栽培管理：

环境和光照： 吊兰喜半阴环境。春、秋季应避开强烈阳光直晒，夏季阳光特别强烈，只能早、晚见些斜射光照，中午遮光，冬季可见全光照。

栽培介质： 喜疏松、排水良好的沙质壤土，可用腐叶土或泥炭土加少量珍珠岩混合成营养土。

繁殖方法： 扦插和分株繁殖，从春季到秋季可随时进行。扦插时，只要取长有新芽的匍匐茎5～10厘米插入土中，大约1周即可生根，20天左右可移栽上盆，浇透水放阴凉处养护。吊兰分株时，可将吊兰植株从盆内托出，除去陈土和朽根，将老根切开，使分割开的植株上均留有3个茎，然后分别移栽培养。也可剪取吊兰匍匐茎上的簇生茎叶（实际上就是一棵新植株幼体，上有叶，下有气根），直接将其栽入花盆内培植即可。

水分： 吊兰喜湿润环境，要经常保持盆土湿润，夏季浇水要充足，每天浇水1次。春、秋季2天浇水1次，冬季减少浇水次数，可每隔4～5天浇水1次，不可积水，否则烂根。空气过于干燥时，叶尖会干枯并失去光泽，故干热天气需经常喷水。

肥料： 吊兰是较耐肥的观叶植物，10天施1次有机肥液或速效性肥料，但对金边、银心等花叶品种，应少施氮肥，以免花叶颜色变淡甚至消失。施肥时避免沾污叶片，容易伤害嫩叶和叶尖。每次施肥后最好用清水喷洒清洗叶面。

生长适温： 20～25℃

装饰建议

吊兰四季常绿，走茎上悬吊的小植株极为奇特，是著名的观叶植物。通常以吊挂方式用于室内装饰，或置于花架上观赏。可搭配红陶盆、紫砂盆或其他素色瓷盆，用来绿饰书房、卧室，也可在窗台、阳台等处栽培观赏。

购花建议

以枝叶茂盛，叶片碧绿、脉纹清晰，叶尖无枯焦者为佳。

合果芋

养护难度指数：★★★

观赏期：全年观叶

花语：悠闲素雅，恬静怡人

合果芋为天南星科多年生常绿草本植物，原产于中、南美洲热带雨林中。它的叶片呈三角形，好像一面面绿色的小盾牌，还带有白色斑纹，色泽清丽淡雅。而且它繁殖容易，栽培简便，又特别耐阴，装饰效果也很不错，所以成为一种流行的绿植小盆栽。

市面上常见的园艺品种有白蝶合果芋。它的叶丛生，盾形，呈蝶翅状，叶为黄白色，边缘有绿色斑块及条纹，叶柄较长，茎节较短。还有绿金合果芋：叶片嫩绿色，中央有黄白色斑纹，节间较长，茎节有气生根。

还有值得一提的是，合果芋也是一种健康活氧植物，它可以用自己宽大漂亮的叶子提高空气湿度，并吸收大量的甲醛和氨气。而且植株的叶子越多，过滤净化空气和保湿功能就越强。

栽培管理：

环境和光照： 对光照适应性强，以半阴为佳，强光下叶色发黄，色浅，过弱的光下则叶片狭小，色浓暗。一般遮光50%为宜，斑叶品种在光照不足时则色斑不显著。

栽培介质： 对基质要求不严，盆栽可用腐叶土或泥炭土加少量河沙混合即可。

繁殖方法： 家庭栽培多用扦插繁殖。5～10月气温在15℃以上均可扦插，插穗以切取茎端部2～3节或茎中段2～3节均可，基部留着可继续萌发新枝。插床可用河沙、蛭石或苔藓，插后10～15天生根。有时，合果芋在空气湿度较大的情况下，茎节上往往已长出气生根，可剪下直接盆栽，放半阴处养护。有的蔓生长茎贴地而生，其茎节处不定根直接长入地下，只需挖取就可盆栽。

水分： 生长期需经常浇水或叶面喷雾，可2～3天1次。每月用湿海绵擦去叶面灰尘1次，保持叶面光洁。冬季有短暂休眠现象，应减少浇水，不可使盆土太湿。

肥料： 对肥料要求不高，生长期10天施1次稀薄液肥，以氮肥为主。

生长适温： 22～30℃

植株翠绿光润，素雅淡然，是著名的观叶植物。可用其布置书房、卧室，搭配红陶盆、紫砂盆、青花瓷盆或素色瓷盆，置于案头、桌几、台面，给人以清新舒适的感觉。

以茎节间短，枝叶秀挺茂盛，叶面色泽碧绿、斑纹明显者为佳。

爱之蔓

养护难度指数：★★

观赏期：全年观叶

花语：心心相印，爱你一生一世，永结同心

爱之蔓，一个令人怦然心动的名字。这个萝藦科吊灯花属的多年生蔓性植物，纤细柔软的茎蔓上长着成串的心形叶片，要知道，是标准的心形哦，而且还成对生长！讨巧的模样，让它在花市上格外地吸引人的眼球。花商们为它起了爱之蔓、心蔓、心心相印之类的好名字，又说它是爱情的象征，所以年轻情侣们都是它的超级粉丝，买来作为情人节互相馈赠的礼物。

爱之蔓除了有可爱的心形叶外，另一个特色是，成熟植株的叶柄基部，会长出一颗颗的圆形块茎，叫做“零余子”，看起来就像一串串念珠。

爱之蔓的另一大好处是很容易栽培，管理粗放。养上一盆在家里，欣赏它的串串爱心，并祈愿你所拥有的爱的情愫也能像它一样生生不息，天长地久吧。

栽培管理：

环境和光照： 在散光处养护，避免强光直射，特别是夏季，强光很容易灼伤叶面，从而影响植株的生长。一年中春、秋、冬三季可见日照，夏季散光就可以了。如果养护环境长期过阴而光线不足，易造成节间徒长，失去观赏价值。

栽培介质： 需选择排水良好的栽培介质，可将泥炭土、细蛇木屑、珍珠岩混合使用。

繁殖方法： 可以采用扦插法或零余子繁殖，生长期进行。扦插繁殖法：取一段茎蔓带2～3对叶子，自然晾干1周，然后扦插于栽培介质中，浇透水，也可以盖上透明塑料薄膜来提高湿度，约3周就会长出新芽。零余子繁殖法：直接将长有零余子的枝条剪下，将零余子浅埋入介质中，浇一次透水，两周后即会发根长成新株。

肥料： 不需要太多肥料，上盆时适当添加一些底肥，1年施复合肥3～4次就够了。

水分： 爱之蔓的抗旱性和储水性很强，日常浇水视盆土干燥情况3～4天1次。冬季植株停止生长，进入休眠，不要浇水或少浇水。

生长适温： 15～30℃

装饰建议

爱之蔓柔软纤细的茎蔓，吊着对对心叶，飘然下垂，绰约动人，是很好的室内吊挂观叶植物。搭配红陶盆、紫砂盆或素色瓷盆，摆放客厅、餐厅、书房、卧室皆可，装饰效果极佳。

购花建议

以茎节间短，枝叶茂盛且分枝较多、走向均匀，无凋萎现象，藤蔓上能看见肥硕的零余子的健壮植株为上品。

阿波罗千年木

养护难度指数：★★★

观赏期：全年观叶

花语：王者

阿波罗千年木为龙舌兰科植物，原产于非洲，又名密叶竹蕉。它的特点是叶片浓绿，叶缘呈微微的波浪状，到叶尖则卷曲起来，所有叶子极为紧密地生长在茎干上，如一把绿色花束，也很像绿色的鸡毛掸子，整体给人的感觉是简约大方。所以说除了“阿波罗”这个名字响亮外，也有不错的观赏价值，而且耐阴性极佳，可以久置于室内，是栽培非常普遍的观叶植物。

栽培管理：

环境和光照： 耐旱也耐阴，居家窗台或阳台边，光源充足、通风良好且日光不直射，即是理想的栽培处，冬季应注意避免寒害。

栽培介质： 宜使用细蛇木屑混合等量的河沙或腐殖质土栽培。

繁殖方法： 以扦插法繁殖即可，春、夏季是扦插适期。若剪枝使用清水培养也能成活。

水分： 性喜高温多湿，应均衡地提供水分，保持土壤湿润度，日常浇水视盆土干燥情况3～4天1次。

肥料： 对肥料要求不高，约1个月施1次稀薄的通用型复合肥即可。

其他： 不可放在阳光下暴晒，更忌一下子从室内移至户外强光下，否则叶片很容易晒伤。

装饰建议

阿波罗千年木植株小巧，颜色浓绿，雅致而不失稳重大气，可用其布置书房、卧室，搭配红陶盆、紫砂盆、青花瓷盆或其他素色、彩绘瓷盆，置于案头、桌几、台面欣赏，是宁心怡神的观叶小绿植。

购花建议

以株形圆整匀称，叶丛密实，叶片浓绿亮泽者为佳。

幸福树

养护难度指数：★★★

观赏期：全年观叶

花语：幸福、平安，福禄双全

“我的爱就像一棵幸福树，你的心就像温暖的乐土。幸福树，幸福树，我有了你就不会受苦，幸福树，幸福树，你给我保护我给你祝福。”你听过那英唱的那首《幸福树》吗？你可知道有一种小绿植它的名字就叫“幸福树”？

幸福树其实是紫葳科菜豆树属的落叶乔木菜豆树，它是夏威夷的代表树，因为当地人信仰它可以带来幸福，所以很多人把它的大型落地盆栽摆在家门前。菜豆树被引进中国以后，花商们为了迎合花友祈福、求平安的心理，就干脆直接叫它幸福树或者平安树了。有了好名字的吉祥植物都很讨人喜欢，你可以将幸福的心愿写成卡片，挂在树上，这种祈福的方法也是当下的时尚。当然了，你也可以选它作为情人节礼物，或者把它送给新婚的伉俪。

幸福树形态优美，它的羽状复叶青翠光洁，带着金属般的光泽，树皮浅灰色有深纵裂纹。整株的样子树影婆娑，好像一把撑起的绿色遮阳伞，所以它有一个形象的别名就叫“接骨凉伞”，也颇有热带风情。

幸福树还有药用价值，它的根、叶、果都可以入药，具有凉血、消肿、退烧的作用，还可以治跌打损伤、毒蛇咬伤等。

栽培管理：

环境和光照： 菜豆树为喜光植物，也稍能耐阴，全日照、半阴环境均可。盆栽植株，在室内陈列期间应将其摆放于光照充足的窗前，如果长时间摆放于光线暗淡的室内，易造成落叶。

栽培介质： 应选用疏松肥沃、排水透气良好、富含有机质的培养土。通常用园土5份、腐叶土3份、腐熟有机肥1份、河沙1份混合配制。

繁殖方法： 通常可采用播种或扦插繁殖。

水分： 日常浇水视盆土干燥情况3～4天1次。夏季高温季节应每天给植株喷水，以维持其清秀的外貌。

肥料： 除要求在培养土中加入适量的腐熟饼肥做基肥外，生长季节可每月浇施1次速效液肥，通常可用腐熟的饼肥水。夏季气温高于32℃、秋末冬初气温低于12℃后，均应停止追肥。

病虫害防治： 在高温、高湿通风不好的环境中，其叶片易感染叶斑病和介壳虫，应注意防治。

生长适温： 20～30℃

幸福树形态优美，叶片小而翠绿，树影婆娑，且寓意美好吉祥，是非常珍贵的室内观赏植物。可搭配红陶盆、紫砂盆、青花瓷盆或其他素色、彩绘瓷盆，用其布置客厅、书房、卧室，置于案头、桌几、台面等处欣赏。

购花建议

以株形匀称优美如凉伞，茎节间短，枝叶茂盛，叶片光泽度好，无病害、虫痕者为佳。

短叶虎尾兰

养护难度指数：★★

观赏期：全年观叶

花语：长寿

短叶虎尾兰为百合科虎尾兰属的多年生常绿肉质草本，它有着“千岁兰”的别名，说明它对生长环境的适应能力很强，是一种坚韧不拔的植物。

短叶虎尾兰叶丛矮小，叶片短而宽，回旋重叠，叶面灰绿色的虎尾状斑纹看起来也很清新雅致。在虎尾兰家族中，栽培品种多达60种，其中观赏价值较高，在花市上也很容易买到的要数金边短叶虎尾兰。它的莲座状叶片灰绿色，肥厚丰满且叶缘带有乳白色或金黄色镶边，非常美丽。

虎尾兰还是一种时尚的环保植物。它在吸收二氧化碳的同时，可以释放出大量负离子，使室内空气中的负离子浓度增加。同时它还能吸收大量的铀等放射性核素，清除甲醛、三氯乙烯、硫化氢、苯、苯酚、氟化氢和乙醚、重金属微粒等。因此在15米^{2}的居室，栽2～3盆虎尾兰就可吸收室内80%以上的有害气体，保持空气清新。

栽培管理：

环境和光照： 一般放置于阴处或半阴处，但也较喜阳光，唯有光线太强时，叶色会变暗、发白。

栽培介质： 对土壤要求不严，肥沃的菜园土、腐叶土、塘泥等均可用于栽培。

繁殖方法： 常用分株和扦插繁殖。分株，可在春季换盆时进行，将过密株丛切割开来，基部应带根茎，若须根多可直接盆栽，如须根很少，可暂栽于沙盆中，待长出新根后再上盆。扦插，以5～6月为好，选取健壮、肥厚叶片，剪成5～6厘米一段，插于沙床中，露出1/2，插后约4周生根，成活率高。

水分： 由春至秋为生长旺季，浇水掌握见干见湿的原则，冬季休眠期要控制浇水，土壤应偏干，过湿容易造成植株的根系腐烂。日常浇水视盆土干燥情况约1周1次。

肥料： 生长盛期，每月可施肥1～2次，有机肥、速效性肥料均可，但忌长期施用氮肥，否则叶片上的斑纹暗淡，易徒长，抗性差。冬季停肥。

病虫害防治： 在通风不良或是气温过高的情况下，易发生叶斑病，可用多菌灵或甲基托布津防防治。

生长适温： 18～28℃

装饰建议

短叶虎尾兰姿态刚毅，奇特有趣，为常见的室内盆栽观叶植物。可用其布置书房、卧室，搭配红陶盆、紫砂盆、青花瓷盆或素色瓷盆，置于案头、桌几、台面，显得精美别致。

以株丛茂密，叶片坚挺直立，叶片较宽，虎尾状斑纹明晰者为佳。金边品种以叶片肥厚丰满，叶面灰绿，镶边色泽纯正者为上品。

豆瓣绿

养护难度指数：★★★

观赏期：全年观叶

花语：俏皮

豆瓣绿是胡椒科草胡椒属的多年生常绿草本。它的卵圆形叶片为自然纯正的油绿色，还带有明亮的光泽，让它得了个形象的别名叫“青叶碧玉”。此外，通常也被称做椒草。

椒草的园艺品种较多，比较漂亮的有花叶椒草，它的叶片中部绿色，边缘为一圈阔金黄色镶边；西瓜皮椒草，绿色的叶面上有银白色的规则色带，好似西瓜皮斑纹，是很棒的园艺观赏品种；皱叶椒草，叶脉深深凹陷，形成多皱的叶面，极为有趣。

除观赏外，豆瓣绿全草还可以入药。它有着祛风除湿，止咳祛痰，活血止痛的功效，适用于风湿筋骨疼痛，肺结核，支气管炎，哮喘，百日咳，肺脓疡，小儿疳积，痛经；外用治疗跌打损伤，骨折。

栽培管理：

环境和光照： 喜欢明亮的散射光，也有较强的耐阴能力，强光易灼伤叶片。

栽培介质： 喜疏松、排水良好的土壤，可用腐叶土或泥炭土加少量珍珠岩混合配制成营养土。

繁殖方法： 可用分株和叶插繁殖。春、秋季分株繁殖；5～6月间叶插繁殖，采用全叶插，插叶带有叶柄1厘米左右，插至叶片1/3处，基质使用河沙等，在20～25℃条件下，15天可生根，注意保持基质湿润和一定的空气湿度。

水分： 虽然较耐旱，但生长期应保持盆土湿润，过干叶片失水，色泽暗淡，观赏性差。冬季半休眠，盆土微润即可。日常浇水3～4天1次。对空气湿度要求不高，但在干燥的环境喷雾保湿，有利于叶片生长，保持光亮。

肥料： 对肥料要求不高，半个月施 1 次通用型肥料即可，忌偏施氮肥，否则易徒长，且抗病性及抗寒性差。

生长适温： 20～28℃

装饰建议

豆瓣绿株形小巧雅致，叶片清新悦目，可搭配红陶盆、紫砂盆、青花瓷盆或其他素色、彩绘瓷盆，用其布置书房、卧室，置于案头、桌几、台面等处欣赏。

购花建议

以茎节间短，株形紧凑，枝叶茂盛，叶面光泽度好，斑纹明显者为佳。

罗汉松

养护难度指数：★★★

观赏期：全年观叶

花语：开运招财

罗汉松为罗汉松科罗汉松属常绿乔木。因它每年八九月份成熟的卵球形种子长在肥大鲜红的种托上，看上去如同寺庙里身披袈裟的罗汉，故得名“罗汉松”。在中国传统文化中，罗汉松象征着长寿、守财，寓意吉祥。在广东地区民间素有“家有罗汉松，世世不受穷”的说法。中国古代官员亦喜爱在庭院种植罗汉松，视它为自己官位的守护神。

罗汉松属亚热带树种，它的神韵挺拔而清雅，横空显示出一种朴实稳重雄浑苍劲的傲然气势，树形招展像宽容大度的主人，挥展着双臂，笑迎宾客谦送友人，以不尽的仙来之韵契合着人们的心境。因此，罗汉松特别适合于庭园内孤植、对植，亦可经过造型加工而成为观赏价值很高的艺术盆景。

但是我在这里要给园艺新手们特别推荐的罗汉松小盆栽，却是这几年花市上很流行的“种子小森林”。也就是说，它是用罗汉松的种子密集排列播种，发芽后繁密生长蔚成森林之美的一种小品盆栽。更时尚一些的，还用罗汉松种子加上火龙果种子一起播种。火龙果种子发芽后贴伏在盆土表面，万绿点点似草皮般可爱，故又有“绿钻”的美名，草皮般的“绿钻”配上罗汉松小森林，别有一番情趣。更有巧思的商家为它们搭配了精美的石质中式盆钵形花器，显得古色古香，小绿植立时麻雀变凤凰，成为艺术气息十足的高档家居装饰品。

栽培管理：

环境和光照： 罗汉松属于中性偏阴性树种，能接受较强光照，也能在较阴的环境下生长。

栽培介质： 喜湿润而排水良好之沙质壤土。

繁殖方法： 可采用扦插繁殖和种子繁殖两种。扦插繁殖相对简单，最好春插，此时罗汉松还未萌芽，扦插之后正好是其生长季节，有利于插穗成活及生长。种子繁殖可在7～8月，种子成熟后现采现播。

水分： 生长期可1周浇水1次，另外还要经常向叶面喷水，使叶色鲜绿，生长良好。

肥料： 应薄肥勤施，肥料以氮肥为主，生长期可1～2个月施肥1次。

病虫害防治： 病虫害发生较少，但夏季高温干燥季节要注意防治红蜘蛛。

生长适温： 20～30℃

罗汉松“种子小森林”神韵清雅，再加上契合中国文化“长寿”、“守财”等吉祥寓意，可用其布置客厅、书房、卧室、老人房，搭配红陶盆、紫砂盆、青花瓷盆或其他素色、彩绘瓷盆，置于案头、桌几、台面观赏。如搭配“绿钻”成为组合盆栽，则更显时尚。

以小植株密集，高度均匀，有森林的繁茂感，叶色碧绿，无病斑、虫痕者为上品。

瓜栗

养护难度指数：★★★

观赏期：全年观叶

花语：发财、财源滚滚、生命力旺盛

听到“瓜栗”，你可能会面带困惑，但“发财树”的名字你一定不陌生。这种木棉科瓜栗属的小乔木，因为有发财、生财的吉祥寓意在，而变得很时尚热卖。当然，它的模样也不赖，树姿优雅，树干苍劲、古朴，车轮状的绿叶如手掌般平展开来，枝叶潇洒婆娑，茎干编成辫状或螺旋状造型，使它成为室内观赏植物的佼佼者。除了迷你型的小盆栽，也有1米以上的落地大盆栽，更显得气势凛凛，好似请了一位吉星财神坐镇家中。

栽培管理：

环境和光照： 喜光，室外种植可全日照，也可在室内散射光充足的地方养护，过阴枝条徒长。

栽培介质： 喜疏松、排水良好的土壤，可用腐叶土加少量河沙及有机肥混合成营养土，也可用塘泥直接栽培。

繁殖方法： 多用播种繁殖。播种宜用新鲜种子，秋天成熟后采摘，将种壳去除随即播种。播种后覆盖细土约2厘米厚，然后放置半阴处，保持湿润，播后7天左右可发芽。苗长至25厘米左右可间密留疏，使树苗均匀生长。实生苗生长迅速，苗期要薄施氮肥和增施磷钾肥2～3次，促使茎干基部膨大。

水分： 瓜栗较耐旱，在生长期保持土壤湿润，冬季控制水分，过湿加之气温过低，极易发生茎腐。夏季 2 ～ 3 天浇水 1 次，春、秋季每 4 ～ 6 天浇水 1 次。在天气干热时应向植株喷水保湿，有利于植株生长。

肥料： 对肥料要求不高，半个月追肥1次，以复合肥为主。

病虫害防治： 常见叶斑病危害，可用多菌灵防治，虫害有介壳虫、粉虱和卷叶螟为害，可用速扑杀、氧化乐果喷杀。

其他： 盆栽的瓜栗要保持低矮茂密的株形，可用强剪控制高度，一般采用截干的方式，在剪口下很快长出新芽，并形成茂密的树冠，如枝条徒长，也可全部剪掉，主干上的潜伏芽很快就会发出。

发芽适温： 22～26℃

生长适温： 20～30℃

瓜栗株形美观，颇有热带风情，可用其布置客厅、书房、卧室，搭配红陶盆、紫砂盆、青花瓷盆或其他素色、彩绘瓷盆，置于案头、桌几、台面，且有“发财”之寓意，带给你美好的祝愿。

购花建议

以株形匀称，茎干结实，枝叶茂盛，叶色碧绿有光泽，无病斑、虫痕者为上品。

散尾葵

养护难度指数：★★★

观赏期：全年观叶

花语：快活自在

散尾葵是一种颇具热带风情的秀美小绿植，又名“装饰玲珑椰子”。为棕榈科散尾葵属丛生常绿灌木，是著名的室内观叶植物。它迷人的羽状披针形绿叶随风摇曳的样子优美婆娑，姿态潇洒自如，而全植株远远望去好像张开的凤羽，也像孔雀开屏，所以说园艺观赏价值自然是一级棒的。因为叶形美丽，散尾葵叶子还可用于切叶，作为插花中的陪衬。

散尾葵的叶鞘可以入药，有收敛止血的功效。可用于各种出血症，如鼻衄、齿龈出血、呕血、便血、皮肤出血等。另外散尾葵也有净化空气的作用，能够吸收有害气体二氧化硫。

栽培管理：

环境和光照： 散尾葵喜充足的光照，在强光下也可正常生长，但在半阴下生长更佳，春、夏、秋三季应遮阴50%～80%，冬季可见全光照。过强的光照会导致叶片焦边及灼伤。

栽培介质： 喜疏松、排水良好的土壤，可用腐叶土或泥炭土加等量田土及适当河沙混合而成，也可用塘泥栽培。

繁殖方法： 多用分株繁殖。于4月左右，结合换盆进行，选基部分蘖多的植株，去掉部分旧盆土，以利刀从基部连接处将其分割成数丛。每丛不宜太小，须有2～3株 ，并保留好根系，否则分株后生长缓慢，且影响观赏。分栽后置于较高湿、温度环境中，并经常喷水，以利恢复生长。

水分： 保持盆土湿润，一般春、秋季2～3天浇水1次，夏季1～2天浇水1次，冬季则控制水分，稍湿润即可。忌长期过湿及积水。以免引起烂根。在生长季节，需保持较高的空气湿度，否则叶缘失水焦枯。

肥料： 5～10月是其生长旺盛期，必须提供比较充足的水肥条件。一般每1～2周施1次腐熟液肥或复合肥，以促进植株旺盛生长，叶色浓绿，秋、冬季可少施肥或不施肥。

病虫害防治： 叶斑病危害，可用克菌丹喷洒，介壳虫可用氧化乐果或速扑杀喷杀。

其他： 冬季夜间温度应在15℃以上，白天25℃左右较好。若长时间低于5℃，易受冻害。

生长适温： 20～25℃

散尾葵枝叶茂盛，株形美丽，终年常绿，是优秀的观叶灌木。可用其布置客厅、书房、卧室，搭配红陶盆、紫砂盆、青花瓷盆或其他素色、彩绘瓷盆，置于案头、桌几、台面，体现热带风情。

购花建议

以株形匀称，枝叶茂盛，叶色碧绿有光泽，无病斑、虫痕者为上品。

酒瓶兰

养护难度指数：★★★

观赏期：全年观叶，4～11月观花

花语：欢愉

酒瓶兰又名象腿树，是树状的多浆植物，在原产地墨西哥为常绿小乔木，大型植株高可达10米。它的特别之处在于有股子迷人的热带风情，茎干形状奇特，基部特别肥大，酷似大酒瓶，再加龟裂成小方块的树皮和簇生细长的线形叶，叶姿婆娑，成为非常奇特的装饰植物。幼苗盆栽常点缀居室，珍奇雅致。大型盆栽适用宾馆、商场等公共场所摆设，奇特造型，气派非凡。

栽培管理：

环境和光照： 喜欢半阴环境，在秋、冬、春三季可以给予充足的阳光，但在夏季要遮阴50%以上。室内养护时，尽量放在有明亮光线的地方。

栽培介质： 喜疏松的沙土和腐殖土，耐干旱和瘠薄。盆栽的土壤要选排水性好的，可用3份肥沃园土与1份煤渣混合，再加少量豆饼或鸡粪作基肥。

繁殖方法： 多用播种繁殖。播种时将种子播于腐叶土和河沙混合的基质，保持湿润（不宜太湿，否则容易腐烂）。在温度20～25℃及半阴环境中，经2～3个月即可发芽。在小植株生长过程中应加强肥水管理，勤施薄施液肥，并增施钾肥，以利茎部膨大充实。

水分： 由于酒瓶兰较耐旱，浇水不宜过多，否则易烂根。春、秋季须见干见湿，夏季保持湿润，冬季见土干时再浇水。日常浇水视盆土干燥情况约1周1次。

肥料： 一般使用复合肥，生长盛期，每月可施1～2次肥，腐熟堆肥或氮、磷、钾均可；也可在盆边土壤内均匀埋3穴熟黄豆，每穴7～10粒，注意不要与根接触。从11月至翌年3月停止施肥。

其他： 低于13℃即停止生长。冬季温度不能长时间低于10℃，否则植株基部会发生腐烂，造成整株死亡。夏季应避免强光照射引起灼伤；冬季应避免低温造成冻害。

发芽适温： 20～25℃

生长适温： 16～28℃

装饰建议

酒瓶兰为观茎赏叶花卉，可用其布置书房、卧室，给人以新颖别致的感受。搭配红陶盆、紫砂盆、青花瓷盆或其他素色、彩绘瓷盆，置于案头、桌几、台面，显得优雅清秀，且极富热带情趣，颇耐欣赏。

购花建议

以酒瓶茎干肥大结实、圆整均匀，树皮呈健康的灰白色或褐色，叶色碧绿，叶姿秀挺者为佳。

铁线蕨

养护难度指数：★★★★

观赏期：全年观叶

花语：雅致，少女的娇柔

“碧玉妆成一树高，万条垂下绿丝绦。不知细叶谁裁出，二月春风似剪刀。”贺知章的这几句诗咏的是柳叶，我却觉得用它来形容铁线蕨也十分相宜。当你见到铁线蕨的时候，相信你也会忍不住惊叹，一株蕨类植物竟然这样地天生丽质。

铁线蕨为多年生常绿草本，因叶柄细长而坚硬似铁线，故名为铁线蕨。它的叶片细碎而多，全部呈斜扇形，色泽淡绿，黑色的叶柄纤细而有光泽，酷似人发，加上其质感十分柔美，好似少女柔软的头发，因此又有“少女的发丝”的美称。淡绿色薄质叶片搭配着乌黑光亮的叶柄，显得格外地潇洒和飘逸。而且花市上还有大叶的品种，叶片为标准的扇形，边缘微带波浪皱褶，比普通种的视觉效果更优雅，令人一见倾心而难忘。

因为叶形特别，铁线蕨叶片还是良好的切叶及干花材料，无论作为插花配叶还是用于制作手工押花，都很出彩。

铁线蕨也有一定的药用价值，它性味凉、涩，能清热、利尿、镇咳。

栽培管理：

环境和光照： 原野生于溪边山谷湿石上，喜温暖、湿润和半阴环境，不耐寒，忌阳光直射。

栽培介质： 喜疏松、肥沃和含石灰质的沙质壤土。一般用富含腐殖质的泥炭土或腐叶土，再加入约1/3的粗砂和细砂，并放入一些骨粉，且盆底应垫一些碎瓦片或粗砂以利排水。

繁殖方法： 常用分株繁殖。在室内四季均可，但一般在早春结合换盆进行。将母株从盆中取出，切断其根状茎，使每块均带部分根茎和叶片，然后分别种于小盆中。根茎周围覆混合土，灌水后置于阴湿环境中培养，即可取得新植株。

水分： 生长季节要充分浇水，平时可每2～3天浇水1次。夏季高温季节还应每天早、晚向叶面喷水，才能保持叶色碧绿，还可每星期将盆放于水中浸泡1次。在秋末以后，应逐渐减少浇水次数，保持盆土湿润即可，增强其抗寒性。水分不足时，叶片易变黄。

肥料： 需肥量不多，生长期15～30天施液肥1次即可，苗期可追施氮肥。施肥时勿将肥料沾污叶片，否则易致叶片枯黄，降低观赏价值。另铁线蕨喜钙肥，分株换盆时，可向盆中加少量石灰和碎蛋壳，补充些钙肥。

其他： 如果叶丛过密不利于新叶萌发，可于秋季适当修剪，去掉一些老叶、黄叶，以保持植株的清新优美。

生长适温： 18～25℃

装饰建议

铁线蕨茎叶秀丽多姿，形态优美，株形小巧，极适合小盆栽培，也可用于点缀山石盆景。可搭配红陶盆、紫砂盆、青花瓷盆或素色瓷盆，用其布置客厅、书房、卧室，置于案头、桌几、台面等处欣赏，给人以清新素雅之感。

购花建议

以株丛茂盛，茎节间短，叶片密而繁多，舒展滋润且无病虫害叶者为上品。

银脉凤尾蕨

养护难度指数：★★★

观赏期：全年观叶

花语：美丽

凤尾蕨是一种矮小的蕨类植物，因为叶片形似凤尾，故而得名。凤尾蕨原产于欧洲、南非、澳大利亚和新西兰，在我国长江流域及以南地区、日本、朝鲜等地也都有分布。因为在井栏边、石缝、墙根等阴湿处常见其踪影，它又有别名叫井栏边草。

凤尾蕨的叶丛小巧细柔，是一种很秀气的小盆栽。有人用它来点缀山石盆景，也别有一番意趣。此外，它也是很好的插花配叶。花市上常见的一种银脉凤尾蕨，叶脉部分为明显的银白色，绿色羽片中又带银白斑，是人气很旺的热卖品种。

凤尾蕨全草都可以供药用，具有清热利湿、凉血解毒、止泻、强筋活络等功效。在民间还流传着不少凤尾蕨的实用小验方，比如治肺热咳嗽，用鲜凤尾草50克洗净，煎汤调蜜服，日服2次；治荨麻疹，用凤尾草适量，加食盐少许，水煎洗；治秃发，用小金星凤尾草根浸油涂头。

栽培管理：

环境和光照：喜半阴环境，以不见阳光的背阴湿润处为好，多受直射光照容易干燥枯瘪，叶尖易出现枯黄。

栽培介质：宜用排水、保水性好的基质，可用园土、泥炭和碎砖各1份配制。上盆前，盆底最好垫上碎砖作排水层。

繁殖方法： 凤尾蕨的繁殖主要用分株法，全年都可进行。将过密株丛切割开来，基部应带有较多根茎，直接上盆，需要注意遮阴保湿。

水分： 生长期要保持盆土湿润，可2～3天浇水1次，并经常喷水使其周围有较高的湿度，有利于叶片保持青翠外观。

肥料： 可每月施用2次有机液肥。

其他： 如果植物干枯，可以齐茎剪掉所有叶片，并浸湿盆土，新叶将会重新长出。

生长适温： 10～22℃

装饰建议

凤尾蕨丛叶片披拂，颜色嫩绿，极有风姿，可搭配红陶盆、紫砂盆、青花瓷盆或素色瓷盆，用其布置书房、卧室，置于案头、桌几、台面等处欣赏，给人以清秀素雅之感。

购花建议

以枝叶茂盛，叶色清新翠绿，斑纹明显，叶片舒展滋润，无枯萎者为上品。

狼尾蕨

养护难度指数：★★★

观赏期：全年观叶

花语：自我陶醉

狼尾蕨为骨碎补科骨碎补属小型附生蕨类植物，是非常流行的室内观赏蕨类。它的特色在于肉质的根状茎长而横走，裸露在外，表面贴伏着一层灰棕色鳞片，看上去毛茸茸的样子如同狼尾，所以被称做狼尾蕨，也有叫兔脚蕨或龙爪蕨的。它的叶片为阔卵状三角形的羽状复叶，小叶为细致的椭圆或羽状裂叶，叶面浓绿富有光泽，也很漂亮耐看。而且它的根状茎不仅外表与众不同，还能入作药用，有祛风除湿、清热凉血的功效。

栽培管理：

环境和光照： 喜温暖半阴环境，适合散射光照，不能让阳光直射，否则易萎蔫卷曲。家庭养植置于室内阳光明亮的地方即可。不耐高温也不耐寒，过冬温度不能低于5℃。

栽培介质： 基质以疏松透气的沙质壤土为佳，可用泥炭或腐叶土和园土各半混合。

繁殖方法： 切取带2～3叶的根状茎顶端部分，放进泥炭或珍珠岩和沙的混合基质里，置于半阴湿润的温暖环境，用铁丝等物固定，注意保湿，约1个月后即可长新叶、发新根。或用高压其根茎的方式繁殖也可。

水分： 宜保持盆土湿润，生长季节水分应供应充足，但水分过多也可导致叶片脱落，一般3～4天浇水1次即可。养护期间应勤向植株及生长环境喷水增湿，过于干燥会造成叶片边缘枯黄，甚至全叶枯黄。

肥料： 可每月施用2次有机液肥。

生长适温： 20～26℃

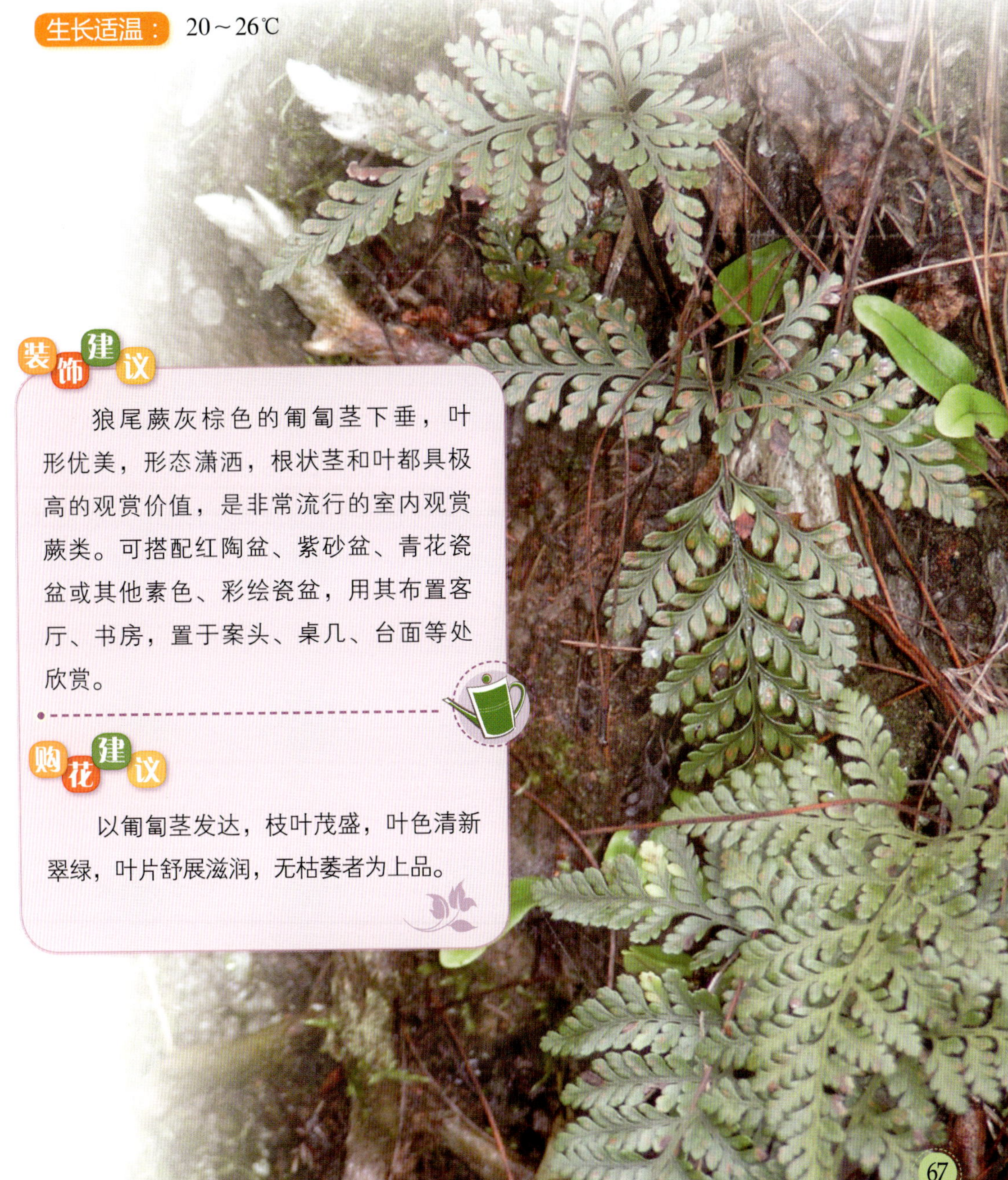

装饰建议

狼尾蕨灰棕色的匍匐茎下垂，叶形优美，形态潇洒，根状茎和叶都具极高的观赏价值，是非常流行的室内观赏蕨类。可搭配红陶盆、紫砂盆、青花瓷盆或其他素色、彩绘瓷盆，用其布置客厅、书房，置于案头、桌几、台面等处欣赏。

购花建议

以匍匐茎发达，枝叶茂盛，叶色清新翠绿，叶片舒展滋润，无枯萎者为上品。

波斯顿蕨

养护难度指数：★★

观赏期：全年观叶

花语：耐心

波斯顿蕨为肾蕨科肾蕨属植物，它对生长环境的适应性极强，细碎的叶片非常优美，草绿的颜色也特别明亮，叶丛随着微风轻轻摆动，绿影婆娑，恰似美少女迎风舞动，因此也叫优美蕨，是蕨类植物中最受欢迎的大众情人。

市面上常见的波斯顿蕨有密叶波斯顿蕨、皱叶波斯顿蕨及细叶波斯顿蕨等，它们有很好的耐阴性，极适合作为室内盆栽来养护。除了观赏价值，波斯顿蕨还可以作为检测室内相对湿度的植物，如果它可以在室内保持健康良好的生长，那么就表示室内环境也是适合人类生活居住的。而且波斯顿蕨也是植物中对付甲醛的能手，每小时能吸收大约20微克的甲醛，被认为是最有效的“生物净化器”。另外，它还可抑制电脑显示器和打印机中释放出的二甲苯和甲苯。

栽培管理：

环境和光照： 性喜湿润，有明亮散射光的环境，春、夏季节宜放在室内明亮处，阳光直射时叶片会变黄；冬季应适当地增加光照，否则叶色易变黄或导致叶缘干枯。

栽培介质： 盆土选用以腐叶土为主加少量河沙混合配制。有条件的地方如能采用苔藓等材料作栽培基质则长势更好。

繁殖方法： 可在早春4～5月结合翻盆进行分株繁殖。先将植株倒置扣出花盆，抖去旧土，然后将植株切割成若干丛分别栽植。分栽的植株置于阴处缓苗1周左右，即可转入正常的养护。

水分： 以经常保持盆土湿润状态为佳。夏天可1～2天浇水1次，每天向植株及周围环境喷水2～3次，以增加空气湿度。其他季节视盆土干燥情况3～4天浇水1次。植株若因缺水而凋萎时，可将整盆泡入水中回春，叶片则多加喷雾。若浸泡24小时候仍未恢复挺立，不妨将所有叶片剪除，以促进新叶生长。

肥料： 每月施用1次有机液肥即可。

生长适温： 15～25℃

波斯顿蕨羽片草绿，株形美观，叶片自然垂下，形成绿色瀑布，也显得潇洒优雅。因此，既可置于案头进行观赏，又能用吊盆栽植装点环境。可搭配红陶盆、紫砂盆、青花瓷盆或其他素色、彩绘瓷盆，用其布置书房、卧室，置于案头、桌几、台面等处欣赏。

以株丛茂盛，叶色清新翠绿，叶片舒展滋润，无枯萎者为上品。

翠云草

养护难度指数：★★★

观赏期：全年观叶

翠云草为卷柏科卷柏属伏地蔓生蕨，《群芳谱》中赞它说："性好阴，色苍翠可爱，细叶柔茎，……俨若翠钿。其根遇土便生，见日则消，栽于虎刺、芭蕉、秋海棠下极佳。"翠云草的主茎很是纤细柔软，分生的侧枝上着生细致如鳞片的小叶，其羽叶细密，叶色呈蓝绿色，并会发出蓝宝石般的光泽，而这正是它不同凡响的观赏价值之所在。翠云草作为小型盆栽用来点缀书桌、矮几，或摆放在博古架上，都十分可爱。由于它的茎枝有匍匐性，用吊盆栽植也十分相宜，颇能展现它柔软悬垂的美感。倘若你幸运地拥有一个私家花园，也可以用它来布置花园水景旁边的湿地。此外，它也是兰花的亲密伴侣，国兰种植高手都知道，翠云草是理想的国兰盆面覆盖材料，不仅非常美观，对基质也有保湿作用。

翠云草全草可以入药，有清热利湿、止血、止咳的功能，可用于治疗急性黄疸型传染性肝炎，胆囊炎，肠炎，痢疾，肾炎水肿，泌尿系感染，风湿关节痛，肺结核咯血；外用治疖肿，烧烫伤，外伤出血，跌打损伤。

栽培管理：

环境和光照： 喜温暖环境，适合栽培于荫庇、阴凉的地方，避免烈日直射。

栽培介质： 盆土宜疏松透水且富含腐殖质，可用等量的腐叶土或泥炭、壤土和素沙混合配制。用腐叶泥为佳。

繁殖方法： 通常采用分株繁殖。春季翻盆时进行分株，将母株分成数丛，植于盆中，放在阴湿环境中易于成活。

水分： 性喜湿润，日常浇水约1周1次。生长期间要注意喷水和保持较高的空气湿度，以保持叶片的清新秀丽。

肥料： 生长期每月施1次有机液肥即可。

生长适温： 10～26℃

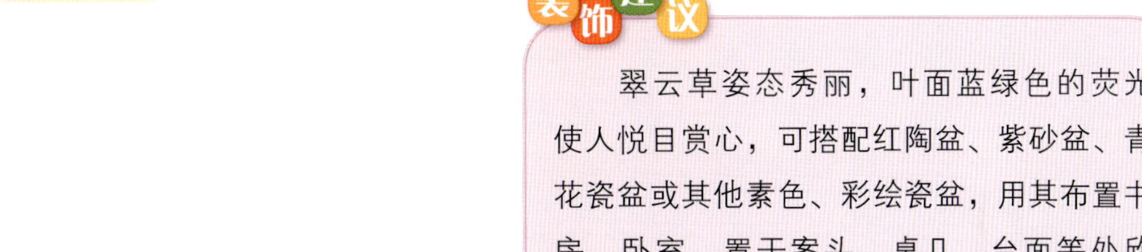

装饰建议

翠云草姿态秀丽，叶面蓝绿色的荧光使人悦目赏心，可搭配红陶盆、紫砂盆、青花瓷盆或其他素色、彩绘瓷盆，用其布置书房、卧室，置于案头、桌几、台面等处欣赏，给人以娴静优雅又不乏时尚的感受。

购花建议

以茎叶茂密，叶面光泽度好，茎节下有较多不定根者为佳。

多肉类

石莲花

养护难度指数：★★★

观赏期：全年观叶，7～10月观花
花语：勤劳的管家

石莲花为景天科石莲花属多年生宿根多浆植物，原产墨西哥。它的叶片呈莲座状排列，肥厚如翠玉，叶面上有蜡质样的白粉，形似池中莲花，姿态秀丽，让它成为园艺上优美的观叶植物。因其形如莲花，于是又有莲花掌、仙人荷花的别名。石莲花小盆栽是室内绿饰的佳品，也可地栽用于花境点缀。石莲花属植物大多抗寒耐暑，非常容易繁殖。因此，地栽时它们总是一簇簇地生长，其形态很像一只老母鸡带着一群小鸡的模样，于是英文里这类植物还有一个非常可爱的名字就叫Hen and Chicks（或Hen-and-Chicks）。石莲花夏季也会开花，8～24朵小花成聚伞花序，花冠红色，花瓣披针形不开张，很是美丽耐看。

石莲花属的多肉植物园艺品种多得数不胜数，能够在花市上买到而且模样特别值得推荐的有：黑王子，叶色黑紫，聚伞花序，小花红色或紫红色，形似黑色的莲花，给人以高贵之感，花色鲜艳，是一种花叶俱佳的多肉植物；还有像吉娃莲，又名吉娃娃，它的莲座叶盘非常紧凑，卵形叶较厚，带小尖，叶缘为美丽的深粉红色，给人一种敦厚可爱的童趣感觉。可以说，它们都有着金牌级的园艺观赏价值。

石莲花不仅中看，也是中用的好东西。中医认为，它有平肝、凉血的功效，而且是最方便的生鲜食物，直接摘下叶片洗净即可嚼食，或蘸梅子粉、果糖、蜂蜜食用，味道如莲雾。食用石莲花能够清热解毒、降血糖、降血压、排尿酸、去尿毒，也可治疗肝病、肝硬化，还可促进新陈代谢、帮助养颜美容。

栽培管理：

环境和光照：石莲花需要充足的光照，否则会造成植株徒长，株形松散，叶片变薄，叶色黯淡，叶面白粉减少。

栽培介质：喜排水良好的沙质壤土，可用2份腐叶土加1份河沙混合成营养土。

繁殖方法：常用扦插繁殖，剪取的插穗长短不限，但剪口要干燥后，再插入沙床，插后一般20天左右生根。插壤不能太湿，否则剪口易发黄腐烂，根长2～3厘米时上盆。室内扦插四季均可进行，以8～10月更适宜，生根快，成活率高。

水分：生长期浇水掌握不干不浇，浇则浇透的原则，避免盆土积水及过湿，否则茎叶易徒长。特别冬季在低温条件下，水分过多根系易腐烂。通常情况下每半个月浇透1次即可。

肥料：生长期每月施肥1次通用型复合肥，以保持叶片青翠碧绿。但施肥过多，茎叶徒长。

病虫害防治：常有锈病、叶斑病危害，可用百菌清、粉锈宁等防治。

生长适温：16～28℃

石莲花株形奇特，宛如玉石雕刻成的莲花座，华丽雅致，四季碧翠，是深受喜爱的多肉小盆栽。可用其布置儿童房、书房，搭配红陶盆、紫砂盆、青花瓷盆或其他素色、彩绘瓷盆，置于案头、桌几、台面欣赏。亦可与其他品种的多肉植物拼成组合盆栽，摆放于客厅中，观赏效果更好。

以株形匀称，叶丛紧密，叶片肥厚丰满，无病斑者为上品。

生石花

养护难度指数：★★★

观赏期：全年观叶，冬种型花期为9～11月，夏种型花期6～8月
花语：顽强

你可曾听说过石头也会开花？你见过会开花的石头吗？它就是我要推荐给你的迷你多肉植物生石花。

生石花为番杏科生石花属（或称石头草属）物种的总称，台湾人习惯管它叫石头玉。它的变态叶肉质肥厚，两片对生联结而成为倒圆锥体，顶部略平，中间有一道缝隙称为“窗”，整体看上去酷似一块块色彩斑斓的卵石。3～4年生的生石花会在秋季从顶面的“窗口”中开出黄、白、红、粉、紫等不同颜色的花朵，多在下午开放傍晚闭合，次日午后又开，单朵花可开7～10天。开花时花朵几乎将整个植株都盖住，娇美异常，花谢后结出果实，可收获非常细小的种子。因为形态奇特，有着卓越上乘的观赏价值，生石花因此而享有“有生命的石头”、“活的宝石”之类的美誉，并且还粉丝成群，在全世界都有众多的园艺爱好者热衷于它的品种收集和栽培。

生石花的原产地在非洲南部及西南非的干旱地区的岩床裂隙或砾石土中。遇到干旱季节，它的植株萎缩并埋覆于砾石沙土之中，只露出植株顶面，光线仅从透光的顶面“窗口”进入体内。当雨季来临时，它又快速恢复原来的株形并长大。因此，若非雨季生长开花，在砾石堆中的生石花很难被发现，这是生长在干旱沙漠地带的它为防止小动物掠食而形成的自我保护天性，称为“拟态”。作为一种典型的拟态植物，生石花也是极为生动的儿童科普教育素材。

生石花的品种很多，约有七八十种，常见栽培的有日轮玉、福来玉、琥珀玉、花纹玉、朱弦玉、李夫人等。因其主根较长，故盆栽时宜选用深筒形的花盆。

栽培管理：

环境和光照： 喜温暖干燥和阳光充足的环境，耐高温，但需通风良好，否则容易烂根。冬季温度需保持8～10℃。

栽培介质： 基质可以选用下面的一种。菜园土：炉渣=3：1；或者园土：中粗河沙：锯末（炉渣）=4：1：2；或者草炭+珍珠岩+陶粒=2份+2份+1份；菜园土+炉渣=3份+1份；草炭+炉渣+陶粒=2份+2份+1份；锯末+蛭石+中粗河沙=2份+2份+1份。

繁殖方法： 通常采用播种和分株繁殖，播种一般在3～4月进行，种子细小，采用室内盆播，播后覆土宜薄，盆土干时应采取浸盆法浇水，切勿直接浇水，以免冲失种子，播后约半个月可出苗，出苗后让小苗逐渐见光。至于分株繁殖，生石花每年春季从中间的缝隙中长出新的肉质叶，将老叶胀破裂开，老叶也随着皱缩而死亡。新叶生长迅速，到夏季又皱缩而裂开，并从缝隙中长出2～3株幼小新株，分栽幼株即可。

水分： 春、秋季节是其生长旺盛期，宜每周浇水1次，促使生长和开花。夏季高温期休眠时减少浇水，冬季温度过低时，也应严格控制水分。

肥料： 上盆时应添加适量基肥，生长期每月追施1次通用型复合肥或有机肥即可。

病虫害防治： 主要发生叶斑病、叶腐病危害，可用65%代森锌可湿性粉剂600倍液喷洒。虫害有蚂蚁和根结线虫为害，用换土法减少线虫侵害。防止蚂蚁，可用套盆隔水养护，使蚂蚁爬不到柔嫩多汁的球状叶上。

发芽适温： 22～24℃

生长适温： 20～24℃

小巧玲珑的生石花外形和色泽酷似彩色卵石，形态奇特，品种繁多，是世界著名的小型多肉植物。可用其布置儿童房、书房，搭配红陶盆、紫砂盆、青花瓷盆或其他素色、彩绘瓷盆，置于案头、桌几、台面欣赏。亦可与其他品种的多肉植物拼成组合盆栽，摆放于客厅中，观赏效果更好。

以肉质叶片肥厚丰满，花纹色彩明晰的健壮植株为上品，最好带有花苞。

趣蝶莲

养护难度指数：★★★

观赏期：全年观叶

趣蝶莲为景天科伽蓝菜属多肉植物，原产于非洲东南部的马达加斯加岛。趣蝶莲的形态非常奇特，对称的叶片为灰绿色，宽大肥厚而且富有光泽，叶缘有锯齿并镶有醒目的红边，长而细的花梃从叶腋处抽出，小花悬垂铃状，黄绿色。特别有趣的是，当它的植株长到一定大小时，叶腋处会抽出细而长的匍匐枝（走茎），每个匍匐枝顶部都会长出形似蝴蝶的不定芽，这些不定芽很快会发育成带根的小植株，趣蝶莲就靠这种方式来繁育后代。因为这些不定芽长在匍匐枝顶部，看起来宛如翩翩起舞的蝴蝶，所以它又有一个形象的别名叫“双飞蝴蝶”。如果家有宝宝，不妨在宝宝房间里养上一小盆趣蝶莲，它可是生动的儿童科普教育素材呢。

栽培管理：

环境和光照： 宜温暖干燥和阳光充足的环境，夏季要适当遮阴，以防烈日暴晒，但也不能过于荫蔽，以光线明亮、无直射阳光为佳。因为光线不足，会使叶片柔软、变形、不挺拔，叶色也转为暗黄色，直接影响株形的优美。

栽培介质： 对土壤要求不严，以疏松、肥沃的沙质土壤为佳。

繁殖方法： 趣蝶莲的繁殖可把匍匐枝顶端的不定芽剪下，直接上盆栽种，此法全年均可进行，但以春、秋两季效果最好。也可在5～6月进行叶插，方法是将成熟充实的叶片切下，稍晾2～3天，待切口干燥后插入沙土中，以后保持稍有潮气，20～25天即可生根，并逐渐长出小植株，等小植株稍大一些，就可上盆定植。

水分： 栽培中不宜浇水过多，以免因盆土过湿而引起根部腐烂，但可在空气干燥时向叶面喷水，盛夏和冬季更应该严格控制浇水。通常情况下每半个月浇透1次即可。

肥料： 生长期每月施1次稀薄的液肥，施肥时注意肥液不要溅到叶片上，以免出现难看的斑点。

生长适温： 15～30℃

装饰建议

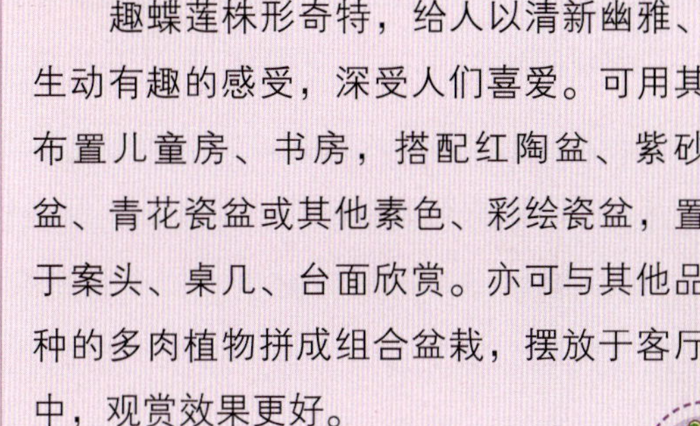

趣蝶莲株形奇特，给人以清新幽雅、生动有趣的感受，深受人们喜爱。可用其布置儿童房、书房，搭配红陶盆、紫砂盆、青花瓷盆或其他素色、彩绘瓷盆，置于案头、桌几、台面欣赏。亦可与其他品种的多肉植物拼成组合盆栽，摆放于客厅中，观赏效果更好。

购花建议

以茎节间短，植株低矮，叶片肥厚丰满，带有若干不定芽者为上品。

翡翠珠

养护难度指数：★★

观赏期：全年观叶

养花新手们在第一次见到翡翠珠的时候，恐怕都要忍不住地感叹造化之神奇，因为这个小东西的模样着实特别。它没有普通花卉那样的叶片，而是在细细的藤蔓上间隔着生出了一颗颗翠绿色小球，肥厚多汁，宛若串串“绿珍珠”，十分惹人喜爱。也是因为形象的特别，让翡翠珠得了佛串珠、绿葡萄、绿之铃之类美好动听的别名。

翡翠珠的茎蔓纤细匍匐生长，缀着光滑的圆珠状肉质叶，颗颗大小如豌豆，悬垂在花盆四周，看上去又好像一串串的泪珠儿，于是就有想象力丰富的人给它另起了个极诗意的名字，叫做“情人泪”。这个煽情的名字让翡翠珠理所当然地得到当下年轻小资一族的青睐，如果你正为情人节的爱心礼物发愁的话，它就是一个完美的答案。

在家里用迷你小吊盆栽培翡翠珠，是件极有情调的事儿。不仅养眼，它还能有效地清除室内的二氧化硫、氯、乙醚、乙烯、一氧化碳、过氧化氮等有害气体呢。

栽培管理：

环境和光照： 喜充足的光照，在半阴下生长良好，夏季光照过强时适当遮阴。

栽培介质： 喜疏松，可用腐叶土或泥炭土加少量珍珠岩混合成营养土栽培。

繁殖方法： 翡翠珠的繁殖主要靠扦插，一般在春、秋两季进行。插穗长短均可，一般以8～10厘米为宜，沿盆边一周排列斜插在土壤中，最后留4～5厘米的插穗插在盆中心用土压实，将盆放置通风透光的窗口，并每隔几天浇1次水保持潮湿，半个月左右即可发根生长。成活后要控制浇水量，保持盆土干湿相间的状态，有利于植株生长。

水分： 耐旱，在生长期土壤以湿润为佳，冬、夏季休眠期应减少浇水，偏干为佳。日常浇水视盆土干燥情况约1周1次。

肥料： 对肥料要求不高，半个月施1次稀薄的通用型复合肥即可，冬、夏季停止施肥。

病虫害防治： 常见介壳虫及红蜘蛛为害，可用速扑杀及三氯杀螨醇喷杀。

生长适温： 18～22℃

装饰建议

翡翠珠晶莹可爱，可用小盆栽植，摆放于案头、几架之上，也可做悬垂栽植。搭配红陶盆、紫砂盆、青花瓷盆或其他素色、彩绘瓷盆，客厅、餐厅、书房、卧室、儿童房等一般室内房间皆可摆放，既装饰美化了室内环境，又能调节人的心情。

购花建议

以肉质叶肥厚、浑圆、晶莹，且密布花盆表面，藤蔓上能看见细小气生根的健壮植株为上品。

酢浆草

养护难度指数：★★★

观赏期：3～5月、9～11月观花叶，但各品种有所不一

提起酢浆草，相信很多人都颇有亲切感。这种南方人俗称“酸酸草”，而在北方则被叫做“酸咪咪”的小草，似乎总是牢牢地根植在每个人的童年记忆里。它那小花小叶都酸不溜丢的味道，它那深埋地下的水萝卜样的块根，还有那用叶子缠了叶子互相斗草的有趣经历，哪个人在成年以后回忆起来不会在嘴角浮出会心的一笑呢？

酢浆草为酢浆草科酢浆草属一年生或多年生草本的总称。不过作为园艺观赏用途的酢浆草，与大家所熟悉的野生酸酸草大有不同，它是一个十分庞大的物群，已知的品种有几百个，花的颜色五彩缤纷，叶子也会呈现不同的形状。比较常见的有紫叶酢，叶片紫色，开粉红色小花；芙蓉酢，有白花和粉花品种，花朵较大，形象很卡通；双色酢，花瓣带有镶边，尤其白花镶红边的品种，号称“草莓冰激凌”，很形象，也很漂亮；美花肉酢，超迷你型的品种，叶片肥厚有肉质感，花为橙红色；棕榈酢，叶片形状好像棕榈叶，别有特色；还有黄麻子、长发酢、大饼脸、铁十字，等等，几乎每一种都有着金牌级的园艺观赏价值。

一般的酢浆草一枚叶柄上只长有3片小叶，偶尔会出现突变现象的4片小叶个体，传说如果能找到有4片小叶的草，对它许愿就能使愿望成真，所以四叶草被称作“幸运草”。许多国家都流传着这种四叶幸运草的传说。

酢浆草全草可以入药，有清热解毒、消肿散疾的效用，可治蛇虫蜇伤，也可治尿血、尿路感染、黄疸肝炎等。关于它的实用民间小验方有：二便不通，用酢浆草一把、车前草一把，共捣取汁，加砂糖一钱调服，不通可再服。癣疮作痒，用酢浆草涂搽，数次即愈。牙齿肿痛，用酢浆草一把，洗净，加川椒（去核）49粒，同捣烂，捏成豆大小粒；每以一粒塞到痛处即有效。

生辰花：

11月21日，花语：辛辣。酢浆草的叶子有辛辣的味道，可用来作为沙拉调味酱。所以，它的花语是——辛辣。受到这种花祝福而生的人，表面上看起来刻薄、冷淡，其实是一位心肠很好的人。所以只要记得平常少用尖酸的言辞指责别人，就可以避免别人误会你一辈子啰！

11月23日，花语：复活节。在南欧，酢浆草被称为“哈利露亚”。也许是因为它刚好在复活节前后开花，所以，它的花语是——复活节。受到这种花祝福而生的人非常活泼、爱说话、也常笑，和人相处非常融洽。但是在爱人面前，不要表现得太八面玲珑，免得被误以为轻浮。

11月26日，粉红酢浆草花语：邻居。在欧洲酢浆草是最常见的杂草，不管你走到什么地方，它都会在你的视野里，像亲密的邻居一样。所以，粉红酢浆草的花语就是——邻居。受到这种花祝福而诞生的人很容易亲近，朋友多且人缘广。但是不容易拥有深交的知心朋友，因此应该更加用心和人交

往，才能成为万人迷。

11月30日，花语：健康食品。在俄罗斯，人们喜欢以酢浆草的叶子当茶饮用，略带酸味不仅好喝，且对缓和发烧及调血都有很大的功效，可说是一种健康食物般的花。因此，此花的花语就是——健康食品。受到这种花祝福而生的人，非常注意健康，对生活上的规划也充分了解。几岁结婚，几岁成家，全规划在脑海里。不过，先决条件必须找到一位好对象。

栽培管理：

环境和光照： 喜光，也耐阴，以全光照下养护为佳，如长期过阴，植株易徒长，长势弱，生长不良，且易患病。

栽培介质： 酢浆草对土壤要求不严，但土质疏松、肥沃，长势更佳，一般用腐叶土或泥炭土加适量珍珠岩混合成营养土即可。在栽培养护过程中，经常松土，保持土壤有良好的通气性。

繁殖方法： 通常采用分株及分球繁殖。分株法：部分种类如红花酢浆草，分生能力极强，一盆可分出数丛，在生长期均可进行，脱盆后，每丛数株，从根茎相连处切断，并涂上草木灰后上盆。浇透水置于荫蔽处，很快即可恢复生长。分球法：部分多年生球根种类，开花后地上部分逐渐枯死，地下块茎进入休眠状态。待地上部分枯死后，将地下块茎取出后置于干燥、阴凉的地方保存，第二年开春后植入盆中即可。

水分： 喜湿润，应保持盆土处于湿润状态，在夏季、秋季天气干热时，多向植株喷水保湿，有利于植株生长。冬季植株休眠，土壤稍湿润即可。日常浇水视盆土干燥情况，3～4天浇1次。

肥料： 对肥料要求不高，在生长期施2～3次复合肥即可，入秋后及冬季停止施肥，施肥也可根据植株长势决定。

病虫害防治： 酢浆草极易受到红蜘蛛为害，在生长季节均可发生，为害严重的可造成叶片枯黄甚至死亡。可用40%氧化乐果1 500倍液、或40%三氯杀螨醇乳油1 000～1 500倍液喷施2～3次即可。

装饰建议

酢浆草品种繁多，花色、叶色各异，现在国内的发烧友数量越来越多，是非常时尚的观花小盆栽。适合阳台、窗台、客厅、餐厅、儿童房等摆放欣赏，也可用于案几、书桌等装饰，可搭配红陶盆或素色瓷盆。亦可多种花色拼成组合盆栽，观赏效果更好，搭配藤篮、洋皮铁艺花盆，都能大大增加居室的乡村田园气息。

购花建议

选择枝叶茂盛的植株，注意叶片应无病斑、虫痕等；花苞数量较多，且有1/3已经开花者为上品。但在花市上能买到的酢浆草品种十分有限，大部分品种需以购买种球的方式获得。

非洲堇

养护难度指数：★★★

观赏期：不同品种花期不同，全年均可见花

花语：微小的爱，永恒之美

非洲堇又叫做非洲紫罗兰，或圣保罗花，原产于非洲东部坦桑尼亚的滨海山区，为苦苣苔科多年生草本植物。因为花形类似紫罗兰，所以得名非洲紫罗兰。至于为何叫做圣保罗花呢？公元1892年一位德国男爵圣保罗在非洲大陆德国殖民地进行探险旅行时，经过现今的东非坦桑尼亚高原，在森林的岩石缝中发现原生的非洲紫罗兰。他采集种子，邮寄给同样喜好园艺的父亲在德国种植。后来1893年男爵的父亲又将花儿送给德国皇家植物园的园长。当这花儿第二年开花并在德国花展中第一次亮相时，引起极大轰动，被喻为最有趣的植物。全世界植物学者皆注目，因为不知道她的芳名，所以园长将非洲紫罗兰的学名定为*Saintpaulia ionantha* Wendl，就是以发现她的圣保罗男爵之名来命名。

非洲堇的花色品种极多，堪称“千面娇娃”。叶形及叶色因品种的不同而有尖形、圆形、小鹅卵石形、皱褶形、锯齿形、匙状、波浪状、心形、斑叶等变化。花色有紫、红、白、蓝等，几乎涵盖了各种颜色，并开始出现黄色、橙色及复色等各色花朵的变异株。花型丰富，有重瓣、半重瓣、单瓣、皱瓣等。不仅叶片、花色有变化，花瓣上也有堇型、铃铛型、星型、黄蜂型、喷点、条纹、镶边、晕染、皱褶、十字缟花等不同变化。而植株依株径的大小可分为迷你、半迷你、标准型等。所以全世界各地喜欢收集种植非洲堇新品种的园艺爱好者数量很多，永远都不会觉得无聊单调。

非洲堇花色多样、终年可开花，繁殖容易，加上极适合室内种植，是最佳的办公室植物。因为不占空间容易照顾，同事间互相交换叶片，绒毛状的厚叶和不断开花的惊喜，让许多上班族在繁忙的工作压力中得到喘息。因此，在欧美国家，非洲堇是风行已久的迷人植物。而在日本，非洲堇更有着“窗边精灵”的美称。

栽培管理：

环境和光照： 非洲堇属半阴性植物，光线不足，叶柄伸长，开花延迟，花色暗淡。光线太强，会使幼嫩叶片灼伤或变白，需遮阴防护。

栽培介质： 营养土可用腐叶土或泥炭土加少量珍珠岩混合配制。

繁殖方法： 主要用叶插法繁殖。选用健壮充实叶片，叶柄留2厘米长剪下，稍晾干，插入沙床，保持较高的空气湿度，室温为18～24℃，插后3周生根，2～3个月将产生幼苗，移入6厘米盆。扦插过程中，用维生素B处理对非洲堇生根后幼苗生长有利，采用25毫克／升的激动素处理叶柄24小时，有利于不定芽的形成。

水分： 早春低温，浇水不宜过多，否则茎叶容易腐烂，影响开花。夏季高温、干燥，应多浇水，并喷水增加空气湿度，否则花梗下垂，花期缩短。秋冬，气温

下降，浇水应适当减少。一般情况下可视盆土干燥情况每周浇水1次。

肥料： 施肥掌握薄肥勤施的原则，生长发育期间约10天施1次复合肥，氮肥不能太多，否则营养生长过旺，开花少。现蕾后加施1～2次含磷、钾较高的肥料，施肥不要使肥水沾在叶片上，以免叶片起斑腐烂。

病虫害防治： 常见病害有白粉病和叶腐烂病，白粉病可用百菌清或粉锈宁防治，叶腐烂平时注意操作时不要伤到叶片，浇水施肥也不要溅到叶片上，防止叶片腐烂。虫害有介壳虫和红蜘蛛为害，可用氧化乐果及三氯杀螨醇喷杀。

生长适温： 15～25℃

装饰建议

非洲堇品种繁多，花色、叶色各异，是金牌级的室内园艺观赏花卉。适合窗台、客厅、餐厅等摆放欣赏，也可用于案几、书桌等装饰，可搭配红陶盆或素色瓷盆。亦可多种花色拼成组合盆栽，观赏效果更好，搭配藤篮、洋皮铁艺花盆，都能大大增加居室的乡村田园气息。

购花建议

选择中心叶片直立的植株，注意叶片有无损伤，叶片应肥厚有光泽；应带有花苞，色泽鲜艳纯正。

大岩桐

养护难度指数：★★★★

观赏期：春、秋两季观花

花语：欲望、华丽之美

大岩桐与非洲堇同为苦苣苔科的近亲，相似之处很多，也是一种娇俏可爱的小型室内观花植物。它的叶片大而肥厚，且十字对生，花朵姹紫嫣红，花瓣则具有天鹅绒般光泽，雍容华贵，故又名“丝绒花”、“洛仙花”“落雪泥”。

大岩桐的园艺品种极为繁多，有蓝、白、红、紫和重瓣、双色等品种。常见品种有威廉皇帝（Emperor William），花深紫色具白边；挑战（Defiance），花深红色；弗雷德里克皇帝（Emperor Frederick），花红色白边；瑞士（Switzerland），花赭红色；泰格里纳（Tigrina），花橙红色。。重瓣种有芝加哥重瓣（Double Chicago），花淡橙红色，重瓣；巨早（Early Giant）系列，花色有深紫具淡紫边、深红等，开花早，从播种至开花只需4个月；重瓣锦缎（Double Brocade），矮生，重瓣花，叶片小，花有深红、红色具紫色花心和白边、玫瑰红具白边、深红具深紫色花心等。

栽培管理：

环境和光照： 大岩桐喜半阴环境，故在夏、秋两季阳光强烈时避免强光照射，以防叶片灼伤，冬季可见全光照。

栽培介质： 喜疏松、排水良好的土壤，可用腐叶土加少量河沙混合配制营养土。

繁殖方法： 可用叶插，也可用芽插繁殖。叶插是选用生长健壮、发育中期的叶片，连同叶柄从基部采下，将叶片剪去一半，将叶柄斜插入湿沙基质中，盖上玻璃并遮阴，保持室温25℃和较高的空气湿度，插后20天叶柄基部产生愈合组织，待长出小苗后移入小盆。当年只形成小球茎，休眠后再由球茎上发出新芽，经过一段时间的培养，翌年6～7月开花。

芽插则在春季种球萌发新芽长达4～6厘米时进行。将萌发出来的多余新芽从基部掰下，插于沙床中，并保持一定的湿度，经过一段时间的培育，翌年6～7月开花。

水分： 生长期保持盆土湿润，休眠期土壤稍湿润即可，一般可1周浇水1次。花期浇水注意不要淋到花朵上，防止花朵感染病害。

肥料： 大岩桐较喜肥，从叶片伸展后到开花前，每隔10～15天应施稀薄复合肥1次。当花芽形成时，最好增施2次有机肥，可促

使花大色艳。施肥时注意不要沾污有毛的叶面，以免引起腐烂。

病虫害防治： 主要有蚜虫及红蜘蛛为害，可用氧化乐果及三氯杀螨醇防治。

其他： 块茎在5℃左右的环境下也可以安全过冬，冬季休眠期则需保持基质干燥，如湿度过大或温度过低，块茎易腐烂。

生长适温： 20～28℃

装饰建议

大岩桐的植株小巧玲珑，叶茂翠绿，花大、色泽艳丽，开花时间长，是著名的室内盆栽花卉。适合窗台、客厅、餐厅等摆放观赏，也可用于案几、书桌等装饰，可搭配红陶盆或素色瓷盆。亦可多种花色拼成组合盆栽，观赏效果更好，搭配藤篮、洋皮铁艺花盆，都能大大增加居室的乡村田园气息。

购花建议

选择中心叶片直立的植株，注意叶片有无损伤，叶片应肥厚有光泽；应带有花苞，色泽鲜艳纯正。

喜荫花

养护难度指数：★★★★

观赏期：全年观叶，6~9月观花

喜荫花也是苦苣苔科的一种可爱小花儿，这种多年生常绿蔓性草本植物原产于美洲的墨西哥、古巴、西印度群岛等地的热带雨林下，性喜阴凉、高湿的生长环境，故名喜荫花。它的植株低矮，全株都密生细柔毛，自茎基部的叶腋间长出匍匐茎，并向四周垂悬伸展，顶端着生小植株，夏秋季节开出一朵朵亮红色的小花缀在叶丛中，看上去犹如正在荡秋千的红衣少女一样的轻盈飘逸，因此又有别名叫红桐草、红绳桐。但是喜荫花的观赏重点却是它的叶片上色彩缤纷的斑块及纹路，虽然部分品种的花色亮丽异常，很吸引人，但由于花朵寿命不长，相较于颜色抢眼且常绿的叶片，花朵反而只是点缀性的绽放。

喜荫花值得推荐的品种有：银叶喜荫花，植株低矮，叶卵圆形，叶边缘褐色，主脉两侧中央部位银白色。花期长，四季开花，花成簇腋生，红色或鲜红橙色，为喜荫花中观花兼观叶的优良品种，很适合吊盆栽培；巧克力喜荫花，茎、叶密生茸毛，叶卵圆形，巧克力色，主脉两侧呈银绿色，表面凹凸不平，叶边缘有深绿色条纹，夏、秋季开花，花小，鲜红色；绒叶喜荫花，别名石竹花状喜荫花、绒花喜荫花。叶对生，卵圆形，柔软光滑，淡绿色，被短细毛，叶脉银白色，主脉两侧灰绿色，花期较短，4~9月开花，红色花簇生于叶腋，花冠喉处有紫色小斑点；藤紫喜荫花，茎、叶密生茸毛，叶卵圆形，叶片很大，叶面深绿色，主脉两侧灰绿色，夏、秋季开红花；匍匐喜荫花，别名赛紫罗兰，茎、叶密生，子株生于走茎顶端，夏、秋季开鲜红色花；翡翠喜荫花，叶面深绿色，主脉银白色，其他性状与匍匐喜荫花相似。

栽培管理：

环境和光照： 喜阴凉、湿度大、通风良好的环境。不耐寒，忌烈日暴晒，耐半阴。生长期要放在通风良好、有散射光照的地方。特别是夏季，要进行遮阴，放在阴棚下或大树下的疏荫处，避免强阳光直射。

栽培介质： 要求土壤疏松透气、排水良好，可用园土、腐叶土和河沙等量混合并加少量基肥配制成，也可单独用苔藓种植。

繁殖方法： 通常用分株或扦插繁殖。在春末、夏初进行分株，与换盆换土结合进行，将植株从盆中倒出，连根分成数块丛株，分盆进行栽植，即可成新株。扦插多采用叶插法，从春末到秋初均可进行；选择发育健壮的植株，取下健壮的带柄叶片，将叶柄插入河沙或其他扦插基质中，扦插后经常喷水保持插床湿润，并保持一定的温度，避免强阳光直射，给予充足的散射光照，插后15天左右即可生根成活。也可以将走茎顶端的子株剪下进行扦插，极易生根成活。

水分： 生长期要保持盆土湿润，一般可1周浇水1次。夏季生长旺盛，气温高，空气干燥时，还要向叶面喷水，保持一定的空气湿度。冬季应减少浇水。

肥料： 可每半月施1次稀薄的液肥，并注意施肥时不要把肥水洒到叶面上，否则易引起叶片腐烂。冬季停止施肥。

病虫害防治： 常见炭疽病，在高温、多湿条件下容易发生，主要危害叶片和嫩枝，每隔5～7天喷1次65%代森锰锌800倍液、或50%多菌灵600倍液、或50%托布津600倍液，连喷2～3次。褐斑病，叶片受害后焦黑干枯脱落，发现病株应立即拔除，病叶及时剪下烧毁或深埋，并用70%甲基托布津粉剂800倍液，或50%多菌灵1 000倍液喷洒。

生长适温： 20～30℃

喜荫花植株低矮，茎叶繁茂，花朵鲜红艳丽，带有浓郁的南国热带风情。适合窗台、客厅、餐厅等摆放欣赏，置于茶几、花架上或吊盆栽培，可搭配红陶盆或素色瓷盆。亦可多种花色拼成组合盆栽，观赏效果更好，搭配藤篮、洋皮铁艺花盆，都能大大增加居室的乡村田园气息。

购花建议

植株低矮匍匐性好，茎节间短，枝叶茂盛，叶片斑纹明晰；应带有花苞，色泽鲜艳纯正。

养护难度指数：★★★

长寿花

观赏期：12月至翌年4月底观花

花语：大吉大利、长命百岁、福寿吉庆

长寿花是近些年来花市上非常时尚热卖的小盆栽，而且在世界上的许多国家，尤其欧洲，也同样广受欢迎，人气旺旺。

长寿花为景天科伽蓝菜属多年生肉质草本，由于花期临近圣诞节，所以又有别名叫圣诞伽蓝菜。它的株形小巧紧凑，花朵拥簇成团，不仅有单瓣、重瓣之分，花色又极为丰富，有绯红、桃红、橙红、黄、橙黄和白等，而且花期长、耐干旱、栽培容易、装饰效果好，因而成为极其惹人喜爱的室内盆栽花卉。

在中国古老的民间传说里，长寿花原是长在仙境里的仙花，归玉皇大帝管辖，吃了它可以长生不老，玉皇大帝派一条黑龙每天严加看管。善良的黑水龙王三公主和银龙大王的二太子为了解救人间苦难，帮助凡人治病，偷走钥匙，把美丽的花儿带到人间，从此世上才有了这象征长命福寿的长寿花。

长寿花的叶片晶莹透亮，花朵稠密艳丽，花期又正逢圣诞、元旦和春节，名曰“长寿”，也有“大吉大利，长命百岁”的吉祥寓意在其中，所以现在有很多人在节日时将它包装成时尚的礼品花，用来赠送亲朋好友，尤其长辈。小花一盆，福气多多，所谓的“礼轻情义重”，那可是十分讨人欢心的哦。

栽培管理：

环境和光照： 长寿花喜阳光充足，夏季中午前后宜适当遮阳，光照强，叶片易黄化，若光照不足，枝条瘦弱细长，叶面薄且开花少。

栽培介质： 喜疏松、肥沃的壤土，可用腐叶土、菜园土、有机肥及河沙按5∶3∶1∶1混合配制成营养土。

繁殖方法： 扦插繁殖，在5～6月或9～10月进行效果最好。选择稍成熟的肉质茎，剪取5～6厘米长，插于沙床中，浇水后用薄膜盖上，室温在15～20℃，插后15～18天生根，30天能盆栽。如种苗不多时，可用叶片扦插。将健壮充实的叶片从叶柄处剪下，待切口稍干燥后斜插或平放在沙床上，保持湿度，10～15天可从叶片基部生根，并长出新植株。

水分： 长寿花为肉质植物，体内含水分多，较耐旱，在生长期保持土壤湿润，不要过干，否则水分供应不足不利于枝叶生长，一般3～4天浇1次水，冬季盆土偏干为好。

肥料： 生长旺季可每隔2～3周施1次稀薄复合液肥，促其生长健壮，开花繁茂。11月花芽形成后增施1～2次磷酸二氢钾或过磷酸钙液，则花多色艳花期长。

病虫害防治： 主要有白粉病和叶枯病危害，可用代森锌可湿性粉剂喷洒防治；虫害有介壳虫和蚜虫为害，可用速扑杀或乐果乳油防治。

其他： 夏季超过30℃，生长受阻，冬季室内温度维持在12℃以上为佳，低于5℃，叶片发红，花期推迟。

生长适温： 20～28℃

装饰建议

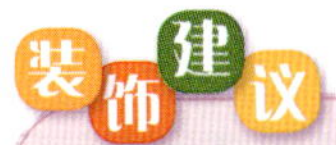

长寿花植株小巧玲珑，株形紧凑，叶片翠绿，花朵密集，栽培品种繁多，花色丰富，是冬、春季少花季节理想的室内观赏花卉。可搭配红陶盆或素色瓷盆，用于布置客厅、餐厅、老人房；亦可多种花色拼成组合盆栽，观赏效果更好，搭配藤篮、洋皮铁艺花盆，都能大大增加居室的乡村田园气息。

购花建议

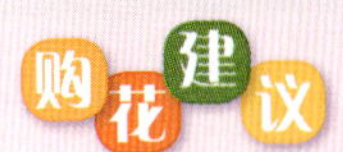

以株形紧凑均匀，枝节间短，叶片肥厚有光泽，花苞数量较多，且有1/3已经开花者为上品。

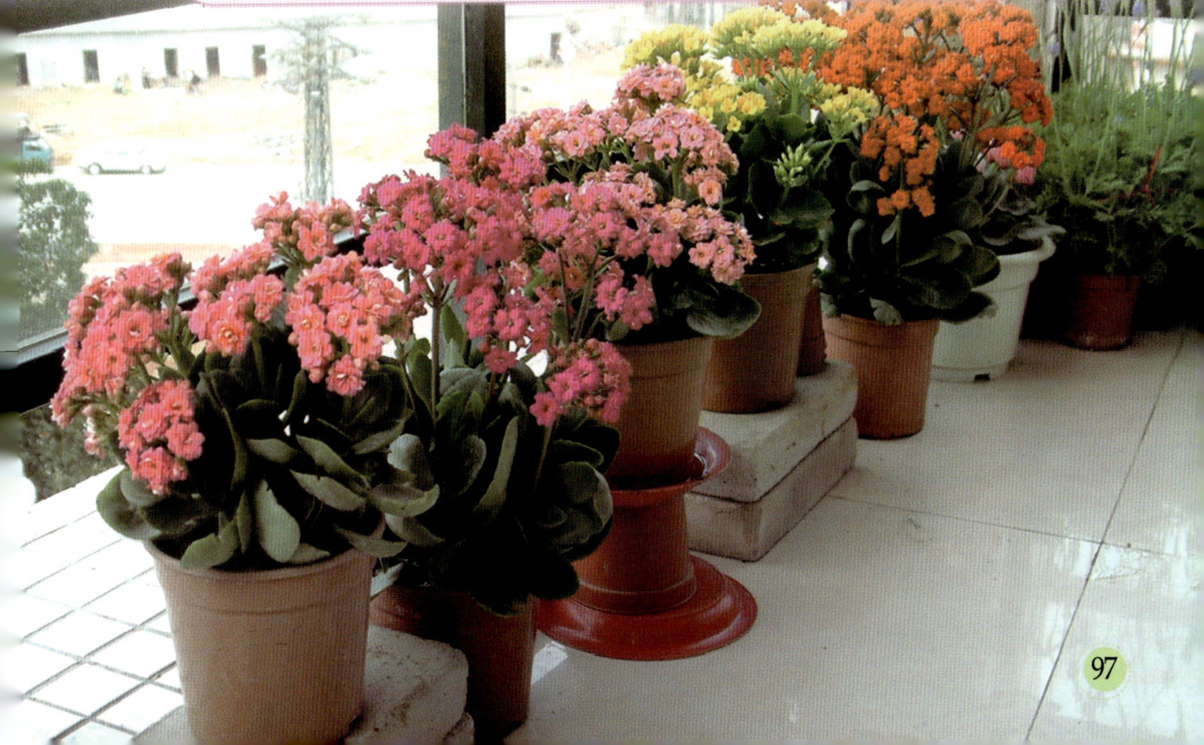

报春花

养护难度指数：★★★

观赏期：12月至翌年4月观花

报春花的娇美艳丽是会让人一见钟情的。这种报春花科报春花属的草本花卉，别名樱草、年景花，早春开花是它的重要特性，通常花期在春节前后到三四月间。它植株低矮，叶全部基生，形成莲座状叶丛，伞形花序从叶丛中抽出，小花数朵集生呈球状，给人以花团锦簇的感觉。报春花种类繁多，全世界约有500种，花有深红、纯白、碧蓝、紫红、浅黄等色，红、蓝、白色花有黄芯，还有紫花白芯、黄花红芯等，可谓五彩缤纷，鲜艳夺目，多数品种花还具有香气，而且花期特长，所以已经成为当前重要的园林观赏花卉。

在全世界范围内，对报春花最最情有独钟的就是英国人了，但英国人还是习惯管它叫“樱草”或“西洋樱草”。堪称英国文坛泰斗的莎翁笔下，就经常出现樱草花美丽而浪漫的身影。在英国有个专门的樱草节，是英国保守党政治家迪斯累利的忌辰；此外还有樱草会，也是为纪念迪斯累利而专门成立的一个组织。樱草的英文名称为primrose，因此在英文中P-Day就是Primrose-Day 樱草节的简写，而樱草会则简写作P-League。

精致可爱的报春花开花时间恰逢春节前后，人们把它视为报告春天来临的信使而美其名曰“报春花”，因此它也是很棒的节日礼品花。此外，它还有着独特的药用价值，在东欧和德国普遍被用来治疗咳嗽、气管炎、头痛、流感等疾病。

2月5日，花语：青春。3~4月，在英国凉爽的气候下，西洋樱草会开出可爱的淡黄色花朵。由于它和萌芽的春天同时绽放，因此它的花语是——青春。凡是受到这种花祝福而生的人，令人感到一股青春的活力。不过青春期也是烦恼最多的时期，战胜烦恼，活出自己，以热情拥抱人生，这就是青春。

2月11日，花语：悲哀。在莎士比亚的冬的故事中，红樱草是象征未出嫁就死亡的处女。因为它在还留有冬天气息的早春开花，而且不会结果实。所以它的花语就是——悲哀。不过，这已是古老的故事了，受到这种花祝福而生的现代人是不一样的。只要默默努力，向前迈进，就可以积极地开创出自己的命运。当然，恋爱也是一样哦！

2月13日，花语：盼望。西洋樱是告知春天来访的花朵，早春时开出可爱的淡黄色花朵。人们只要看到它，就知道春天已经降临大地了。更加期盼天气一天天地变暖和，以及更多花朵的绽放。因此它的花语就是——盼望。受到这种花祝福而生的人，心中充满了梦想和憧憬。就某一方面而言，是永远活在青春期的幸运儿。即使现实遭遇挫折也不绝望。

11月3日，花语：孤寂。冬季，当地上覆盖着白雪，樱草花会结成小小的红色果实，在一片雪白中飘浮着红色小点，美丽极了！但在日本人的美学中，却将它视为接近于孤寂的奥妙情景，因此，西洋樱草的花语就是——孤寂。受到这种花祝福而诞生的人，具备古典气质，善于营造寂静的气氛；但是内心却隐藏着火热之心，一旦坠入情网必定从一而终。不过这种内外不协调的个性，对异性而言，可是非常有魅力的！

栽培管理：

环境和光照： 报春花性喜冷凉、湿润而通风良好的环境，忌炎热，较耐阴、耐寒。

栽培介质： 宜在土质疏松、富含腐殖质的沙质壤土中生长。

繁殖方法： 报春花以播种繁殖为主。种子寿命一般较短，最好采后即播，或在干燥低温条件下贮藏。因种子细小，播后可不覆土，种子发芽需光，喜湿润，故需加盖保鲜膜，或放半阴处，10～28天发芽。超过 25℃，发芽率明显下降，故应避开盛夏季节。播种时期根据所需开花期而定，如为冬季开花，可在晚春播种；如为早春开花，可在早秋播种。

水分： 叶片较大，蒸发面积较大，水分不足常发生萎蔫现象，因此，应每2天浇水1次，至淋透为止。

肥料： 花期长，养分消耗大，因此应施足基肥。生长期可每半月施1次有机肥，以薄肥勤施的方式，促其生长健壮，开花繁茂。

病虫害防治：常见病害有灰霉病、花叶病、褐斑病、缺铁黄叶病等。

发芽适温：15～21℃

生长适温：13～18℃

装饰建议

报春花植株小巧玲珑，色彩亮丽，如锦似绣，栽培品种繁多，是冬、春季少花季节理想的室内观赏花卉。可搭配红陶盆或素色瓷盆，用于布置餐厅可作为漂亮的餐桌花，用于布置客厅能很好地渲染节日年宵的欢乐气氛；亦可多种花色拼成组合盆栽，观赏效果更好，搭配藤篮、洋皮铁艺花盆，都能大大增加居室的乡村田园气息。

购花建议

以株形紧凑均匀，叶片油绿有光泽，无病斑、虫痕，花苞数量较多，且有1/3已经开花者为上品。

迷你花园扮靓方案

缤纷创意无极限，

我的花园我做主。

巧手加巧思，

打造居家花园的千变风情。

创意，让花园更美丽，

园艺，让生活更快乐。

为小花草穿上霓裳羽衣

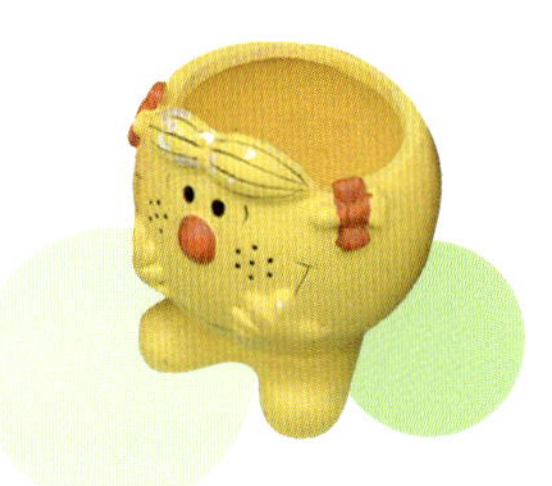

俗话说“人靠衣裳马靠鞍”，小花草与花器之间的关系就如同人和衣裳。漂亮的花器好像小花草的霓裳羽衣，能把小花草衬托得更加光鲜水灵。而花器的合理搭配，能让你从简单的花草种植，迅速上升到园艺的高度，所以说，园艺不单单是种植。那么，什么才是合理的搭配？归纳一句话，和谐为美。

色彩要和谐

仍是所谓的“人靠衣裳马靠鞍”，因此我们不妨从服饰的角度去理解花与花器的搭配，花草好比人的上装，而花器就是下装。试想一个人（当然是女性，因为花如女儿，女儿如花嘛）在日常着装的时候，如果上装选了一件花衣裳，那么最好搭配单色的下装，如果下装先选了一条花裙子，那么上装最好是单色的，才有和谐美。如若不然，从头花到脚，她恐怕会成为一个不伦不类的“花姑娘”。推而广之到小花草与花器的搭配，也是同样的道理。观花类植物开花之时一片花团锦簇，就像一件花衣裳，因此花器（下装）宜选用朴素、沉稳的单色容器（如黑、白、棕色）来陪衬，才不至于喧宾夺主。而对于纯绿色的观叶植物，就像单色的上装，选用花器则可以花哨一些，好像配了一条花裙子，多种色彩的、有图案的花器都可在选择范围之内。

当然了，这种搭配原则并不意味着观花植物绝对不能够与彩色花器搭配。如果开的是单色花，最简单的办法可以选用与花色相同色彩的容器，这样既突出了花朵，又易于协调，也是一种和谐美。

不过话说回来，最最值得推荐的仍是市面上流行度很高的红陶花盆与紫砂花盆。红陶的色彩稍鲜亮些，紫砂的色彩略素暗些，这两种花器与几乎所有的小花草，无论观花类或是观叶类，都有着“百搭”的效果。而且红陶盆和紫砂盆两种材质的透气、透水性都非常好，对植物的生长十分有利，因此可以说，它们的推荐指数高达五星级。

色彩的学问

花草与花器的色彩要求协调，但并不要求一致，主要从两个方面进行配合：一是采用对比色组合，另一是采用调和色组合。对比配色有明度对比，即色彩明暗程度的对比，也称黑白对比。如用黑色的花器搭配白色的花，一暗一明造成对比，就能起到色彩鲜明的效果。

花草与花器有色相差别而形成的对比叫色相对比。色相对比有强弱之分，主要有对比色相和互补色相的对比。对比色相对比的色感比较鲜艳、强烈，具有饱满、华丽、欢乐、活跃的感情特点，容易使人兴奋、激动。互补色相对比是相应的色彩对比，也是最强的色相对比，如红花与青绿色花器，黄花与青紫色花器等。中国传统配色中有“红间绿，花簇簇”，“红配绿，看小足”的说法。

冷暖对比也是花草与花器配色的主要方法。采用冷暖对比的色彩，效果就会显得生动起来。如用湖蓝色的花盆，配粉红色的花朵，这样冷色的盆与暖色的花形成了冷暖对比，更进一步烘托出花的妩媚。在一般情况下，花器的颜色是深色的，可配浅色的花；花器色彩是淡色的，可配深色的花，以便形成对比。

运用调和色来处理花草与花器的关系，能使人产生轻松、舒适感。方法是采用色相相同而深浅不同的颜色处理花与器的色彩关系，也可采用同类色和近似色处理。同类色如橘红与大红，绿与青绿色等。近似色有红与橙、橙与黄、黄与绿、绿与青等。近似色的色距范围较大，有一定的对比性，容易表现出色彩的丰富性和形成色彩的节奏和韵律。

风格形态要和谐

对于植物来说，有些是典型的西式植物，比如香草，有些则是典型的中式植物，比如国兰。同样对于花器来说，红陶盆是典型的西式花器，紫砂盆则是典型的中式花器，所以说香草搭配红陶花盆最合适，而兰花种在紫砂花盆里方显其高雅，这就是风格上的和谐。

不同的小花草也有不同的风格。像酢浆草、报春花、非洲堇、网纹草、嫣红蔓都是典型的西式小花草，所以最好搭配红陶或者其他西式风格的小花盆，而像人参榕、罗汉松或竹柏的种子小森林为典型的中式小花草，最好搭配紫砂或者青花瓷小花盆。只不过，对于许多观叶类的小绿植来说，这种所谓风格的界限区分并不是十分的明显，所以无论红陶盆或紫砂盆都是不错的选择。

值得特别说明的倒是那些迷你型的小多肉，无论石莲花、生石花，还是那些品种繁多的草球和芦荟，它们都有着超Q的外表，看上去童趣可爱感十足，而市面上流行有很多卡通造型的小花盆，比如圣诞靴、Kitty猫、米老鼠等等，它们与小多肉在风格上可谓相映成趣，是绝佳的拍档。

创意花器

缤纷创意无极限，在这个崇尚个性的年代，创意在装饰界总是最受鼓励和欢迎的，因为创意代表了灵感与想象力，意味着与众不同，意味着独一无二。

创意花器的成功应用，常常会让一些普通的花草产生令人惊叹的视觉效果。普通的花草植物变得不再普通，而是与它们的花器浑然天成地融合为一体，成为优秀的园艺作品。

举例来说，曾见过有人在自己的海滨主题花园里，用一截枯朽的树干作为花器来栽植石莲花，这样一艘枯木石莲花船，与周围海滨环境中的鹅卵石、贝壳等景物相得益彰，成为别致的海滨园艺小品。

还有人用紫砂茶壶来水培雕刻过的水仙花球茎，带着艺术造型的中国传统名花与同样蕴涵传统文化精髓的工艺品成为绝配，整体视觉效果显得那样精致和华美，仙风道骨的灵气扑面而来，让人禁不住地为作者的别具匠心而拍案叫绝。

还有些生活气息比较浓的创意，像有的花店店长用一辆原木材质带后斗的童车作为波斯菊等草花的花器，把草花放在车后斗里，同样独出心裁。木头童车和俏丽的草花相互陪衬，充满自然的野趣意味，同时又可爱感十足，因此理所当然地成为热卖品。也有人用废弃的汽车轮胎作为花园里栽培草花的花器，又或者用铁艺的红酒酒架作为栽培常春藤的花器等。都是精彩的创意。

简约大方是永不落伍的时尚

现在市面上专门用于搭配迷你型小盆栽的小花盆、花器有很多，它们的花样、款式也可谓五花八门。选择繁多当然是件好事，但选择太多有时也容易让人感觉迷失。面对丰富多彩的花器，如果你实在感到挑花了眼，对于如何合理搭配全然失去了主张的时候，务必要弃繁就简，牢牢记住简约、大方才是永不落伍的时尚这条秘籍。如是，你就离一个园艺达人的目标又迈近可喜的一步了。

小花草的亲密爱人

现如今，花园装饰相当时尚，园艺卖场里头，各式各样的花园饰品、园艺插件看得你眼花缭乱。然而买来的毕竟都是些“大路货”，尽管很漂亮，你的花园也难免流于平庸，何不自己动手，享受一把创意的乐趣，让你的花园显得高人一筹?

还是那句话，花花草草就像人，不同类型的植物有着全然不同的气质。那么迷你小花草有什么气质？它们很可爱，很时尚，所以说装饰迷你花园应该突出它的可爱感和时尚感。

让卡通玩偶成为小花草的亲密爱人，它们会陪伴你的小花草一起茁壮成长。不要以为一把年纪了还摆弄这些玩意儿非常地幼稚可笑，当你重新拥有了一颗童心的时候，你会发现你的花花世界变得更加灿烂。

蓝白配的青花瓷盆，用来种多肉的组合。同色系的陶瓷小酷狗一共有4对，有的在说悄悄话，有的若有所思的样子，就让它们在这里轮流上岗吧。

乡村风格的原色洋铁皮花盆，用来种双色长寿花。在它们旁边，母鸡带着小鸡出来散步了。哈哈，看起来是不是很田园风的感觉？

小花儿，小草儿，小画儿

手绘漫画是这个年代最时尚的符号之一。当漫画走进你的迷你花园，那些童趣的形象，那些令人叹服的想象力，你会感到花园里吹来一缕清新的可爱风，时尚风。

Cicely Mary Barker和她的花间小精灵

想要成为花草达人，一定要先来认识一下Cicely Mary Barker这位了不起的精灵画家。她的作品通常以一种花草为主体，花丛间游戏着一两个穿与花草同色系衣裙，长着蝴蝶或蜜蜂翅膀的可爱小精灵。花间小精灵让Cicely Mary Barker蜚声全世界，可谓以花卉园艺为主题的漫画作品中永恒的传世经典。

Cicely Mary Barker1895年出生于伦敦南区的克洛敦，少女时代为癫痫所苦，她的父亲是艺术家。玛丽在很早的时候就展现她的艺术才华，她的启蒙教育是由女家庭教师指导，13岁时她父亲为她注册参加克洛敦美术协会（1881年成立，是英格兰除了伦敦之外最早的美术协会）的夜间课程并且经由函授学习美术。

15岁时她绘制了六张一套的明信片被出版商采纳，随后她又为他们绘制更多的明信片，翌年她赢得了克洛敦美术协会的明信片奖，并且成为该会的终生会员同时也是最年轻的会员，到了1940年成为该会的教师。

由于她父亲在1912年早逝，她的大姐以微薄的教书薪资担负家庭生计，因此她在一些杂志上发表诗集与插画以赚取酬劳贴补家用，她第一本著名的书是《莎士比亚的孩子们》。

她加入前拉斐尔派（象征主义最早的流派之一），并且开始从大自然、花园与她姐姐经营的幼稚园中取材，创作出她最著名的花间小精灵系列。第一本书《春天的花仙子》出版于1923年，并获得热烈反响，此后又出版了7本，内容包含诗歌与图画，成为童书中的经典作品。

另外因为她是虔诚的基督教徒，她也参加一些共济会、姐妹会，并奉献她的才能为这些团体绘制以耶稣为主题的图书以筹募经费。她持续创作直到视力衰退，最后在1973年2月16日去世。

几米绘本中的田园风

来自台湾的几米绘本这几年来流行度之广，知名度之高，人气之旺，已让它们无可争议地成为手绘漫画中的精品，从而登上经典宝座。

几米，一位用画笔描绘梦想、吸引无数读者画迷为之疯狂的当红绘本作家，同时却也是一个腼腆善良的中年男子，偏好简单的居家生活，低调而淡泊。

几米的个性害羞内向，不擅长用言语表达，他用敏锐细腻的心去感受周遭的人与事，将情感、思绪借由绘画传达他对大千世界的看法，作品风貌多变，创作力源源不绝，因此看几米的作品，就像是走入他的内在。几米的故事引领着每一位欣赏他作品的人看到并相信世界上的美与善，同时也反映了现代人生活中的点点滴滴，因此每个人都能在他的故事中找到一个映照和寄托，或许这就是几米作品的迷人之处。

为什么几米的脑袋瓜里有这么多的好创意？为什么同样只是红、橙、黄、绿、蓝、靛、紫七种颜色，到了几米手里就可以在他心里化成一道温暖的彩虹？为什么几米的书永远都想给他100分？

几米的作品广受欢迎，原因有三：一是它充满都市感，一些人们非常熟悉、但可意会不可言传的感觉；二是它的图画细致得使人爱不释手，图为主、字为辅的形式很新鲜；三是它的故事简直是一个寓言，从前只有写给小孩的图画书，现在成人也有了自己的寓言和童话。

几米的画作许多都带有浓郁的田园气息，那些小花儿、小草儿、小树儿、小鸟儿、小人儿，似乎个个都有着鲜活的生命力，灵气十足。比如《森林唱游》以森林、花草、动物为主题，《照相本子》和《我只能为你画一张小卡片》中的人物形象充满童真趣味而且画风细腻，《布瓜的世界》里有各种色彩、形状的布瓜与孩童的组合。选择它们来装饰迷你花园，都有说不尽的和谐美。

Mizzi的美少女系列

韩版插画家Mizzi的画笔下有一位长着一双蝴蝶翅膀的青春美少女。她时而携带一只手提箱面向蔚蓝的大海，仿佛随时要踏上远航之路；时而一袭白裙，攀着鲜红的玫瑰花枝，似乎正在心中畅想着爱情的甜蜜和忧愁；时而奔跑在绿色的原野上采摘鲜花；时而飘在纸船上酣睡，做一个香甜的好梦；时而又坐在高高的月亮秋千上与蝶儿嬉戏……她那看起来很乖的齐耳短发，乌黑明亮如天使一般的大眼睛，还有纤瘦苗条的身材，简直无法不让你心生疼惜和怜爱之情。一言以蔽之，这组漫画这个小女孩，非常嗲！

Webjoin的春天小天使系列

韩版插画家Webjoin的春天小天使系列是孩童与花草的组合，充满春天的清新气息。这些孩子或者趴在草丛中仔细地寻找四叶幸运草，或者在花房里辛勤地浇灌呵护着花草，还有的住在蘑菇小屋里好奇地打量着外面的世界，还有的躲在可爱的花朵小船上漂流在水中，好像安徒生笔下的拇指姑娘……林徽因曾赞美孩子说："你是一树一树的花开，是燕在梁间呢喃，——你是爱，是暖，是希望，你是人间的四月天！"Webjoin的这组漫画属于典型的可爱风、田园风，就像那最美的"人间四月天"。

图书在版编目（CIP）数据

时尚迷你花园 / 陈菲编著；徐晔春摄．—北京：农村读物出版社，2010.12

ISBN 978-7-5048-5422-3

Ⅰ．①时… Ⅱ．①陈… ②徐… Ⅲ．①盆栽-花卉-观赏园艺 Ⅳ．①S68

中国版本图书馆CIP数据核字（2010）第226805号

责任编辑 李振卿
出　　版 农村读物出版社（北京市朝阳区农展馆北路2号　100125）
发　　行 新华书店北京发行所
印　　刷 北京三益印刷有限公司
开　　本 710mm×1000mm 1/16
印　　张 7.25
字　　数 100千
版　　次 2011年1月第1版　2011年1月北京第1次印刷
印　　数 1～8 000册
定　　价 36.00元